ARARIBÁ PLUS Geografia

CADERNO DE ATIVIDADES 8

Organizadora: Editora Moderna
Obra coletiva concebida, desenvolvida
e produzida pela Editora Moderna.

Editor Executivo:
Cesar Brumini Dellore

5ª edição

© Editora Moderna, 2018

Elaboração de originais:

Anaclara Volpi Antonini
Mestre em Ciências pela Universidade de São Paulo, área de concentração: Geografia Humana. Professora em escolas particulares de São Paulo.

Coordenação editorial: Cesar Brumini Dellore
Edição de texto: Andrea de Marco Leite de Barros, Silvia Ricardo
Gerência de *design* e produção gráfica: Sandra Botelho de Carvalho Homma
Coordenação de produção: Everson de Paula, Patricia Costa
Suporte administrativo editorial: Maria de Lourdes Rodrigues
Coordenação de *design* e projetos visuais: Marta Cerqueira Leite
Projeto gráfico e capa: Daniel Messias, Otávio dos Santos
Pesquisa iconográfica para capa: Daniel Messias, Otávio dos Santos, Bruno Tonel
  Fotos: Quang Ho/Shutterstock, Andre Luiz Moreira/Shutterstock, Ken StockPhoto/Shutterstock
Coordenação de arte: Carolina de Oliveira
Edição de arte: Ricardo Mittelstaedt
Editoração eletrônica: Casa de Ideias
Coordenação de revisão: Elaine C. del Nero
Revisão: Edna Lunna, Renato da Rocha Carlos
Coordenação de pesquisa iconográfica: Luciano Baneza Gabarron
Pesquisa iconográfica: Camila Soufer
Coordenação de *bureau*: Rubens M. Rodrigues
Tratamento de imagens: Fernando Bertolo, Joel Aparecido, Luiz Carlos Costa, Marina M. Buzzinaro
Pré-impressão: Alexandre Petreca, Everton L. de Oliveira, Marcio H. Kamoto, Vitória Sousa
Coordenação de produção industrial: Wendell Monteiro
Impressão e acabamento: Ricargraf
Lote: 277932

Dados Internacionais de Catalogação na Publicação (CIP)
(Câmara Brasileira do Livro, SP, Brasil)

Araribá plus : geografia : caderno de atividades / organizadora Editora Moderna ; obra coletiva concebida, desenvolvida e produzida pela Editora Moderna ; editor executivo Cesar Brumini Dellore. – 5. ed. – São Paulo : Moderna, 2018.

Obra em 4 v. para alunos do 6º ao 9º ano.
Bibliografia.

1. Geografia (Ensino fundamental) I. Dellore, Cesar Brumini.

18-17144   CDD-372.891

Índices para catálogo sistemático:
1. Geografia : Ensino fundamental 372.891
Maria Alice Ferreira - Bibliotecária - CRB-8/7964

ISBN 978-85-16-11220-2 (LA)
ISBN 978-85-16-11221-9 (LP)

Reprodução proibida. Art. 184 do Código Penal e Lei 9.610 de 19 de fevereiro de 1998.
Todos os direitos reservados
EDITORA MODERNA LTDA.
Rua Padre Adelino, 758 – Belenzinho
São Paulo – SP – Brasil – CEP 03303-904
Vendas e Atendimento: Tel. (0_ _11) 2602-5510
Fax (0_ _11) 2790-1501
www.moderna.com.br
2019
Impresso no Brasil

1 3 5 7 9 10 8 6 4 2

Imagem de capa

Veículo de transporte coletivo movido a eletricidade na cidade do Rio de Janeiro (RJ) e painel solar: uso de fontes de energia sustentáveis em ambiente urbano.

SUMÁRIO

- **UNIDADE 1** População 4
- **UNIDADE 2** O mundo hoje 13
- **UNIDADE 3** O continente americano 22
- **UNIDADE 4** Estados Unidos e Canadá 31
- **UNIDADE 5** México e América Central 42
- **UNIDADE 6** América do Sul 52
- **UNIDADE 7** O continente africano 62
- **UNIDADE 8** África: desenvolvimento regional 72

UNIDADE 1 POPULAÇÃO

RECAPITULANDO

- Até os dias atuais, os fósseis mais antigos da espécie humana encontrados têm cerca de 130 mil anos e foram descobertos no leste do continente africano.

- Os pesquisadores do assunto sabem que, da África, os seres humanos migraram para os outros continentes, mas não é possível saber ao certo quais foram as rotas percorridas.

- Diversos deslocamentos populacionais ocorreram no mundo motivados por fatores políticos, econômicos ou culturais. Fatores naturais sempre foram motivo de deslocamentos populacionais.

- Nos últimos séculos, a população brasileira foi sendo formada pelo encontro de grandes contingentes populacionais. Até o século XVI, o território brasileiro era ocupado por inúmeros povos indígenas. Do século XVI ao XIX, vieram para o Brasil, sobretudo, portugueses e africanos escravizados. Do final do século XIX a meados do XX, imigrantes europeus e asiáticos migraram para o país.

- População é o conjunto de indivíduos que habitam determinado local, região, país ou o mundo.

- A população mundial é caracterizada pela diversidade e pela distribuição desigual na superfície terrestre. Em 2017, 59,6% da população do mundo residia na Ásia.

- De 1950 a meados de 1970, a taxa de crescimento vegetativo da população mundial cresceu de maneira intensa. A partir da década de 1980, a taxa de crescimento vegetativo começou a decrescer.

- De maneira geral, as transformações do perfil etário da população mundial estão relacionadas ao declínio da taxa de fecundidade e ao aumento da esperança de vida ao nascer, que promovem a diminuição da parcela jovem e o aumento da parcela idosa da população.

- No final da década de 2000, a população urbana ultrapassou a população rural no total da população mundial.

- País é um território politicamente delimitado por fronteiras, com unidade político-administrativa e habitado por uma comunidade com história própria.

- Estado é a forma como a sociedade se organiza politicamente, estabelecendo regras que regulam a convivência dos indivíduos.

- Nação pode ser definida como um coletivo humano com características comuns, estando seus membros ligados por laços históricos, étnicos e/ou culturais.

- O território de um país é a base física sobre a qual um Estado exerce sua soberania. É delimitado por fronteiras políticas, que podem ser naturais ou artificiais.

1. **Considere a teoria mais tradicional sobre as rotas de dispersão da população humana pelos continentes e indique a sequência em que essas rotas, provavelmente, ocorreram.**

    (   ) Do nordeste da Ásia para a América pelo estreito de Bering.

    (   ) Dá África para a Europa e o nordeste da Ásia.

    (   ) Da África para a Península Arábica, se espalhando pela Ásia.

    (   ) Da Ásia para a Oceania.

2. **Para a arqueóloga franco-brasileira Niède Guidon, os primeiros seres humanos que povoaram a América do Sul percorreram que rota para chegar a este continente? Assinale a alternativa correta.**

    (   ) Diretamente da África, pelo Oceano Atlântico.

    (   ) Da Ásia, pelo Oceano Pacífico.

    (   ) Da América do Norte, passando pela América Central.

3. **Interprete a charge e depois responda às questões.**

    Fonte: *Folha de S.Paulo*, 28 dez. 2011.

    a) A charge faz referência a qual acontecimento da história do Brasil?

    _____
    _____
    _____
    _____

    b) Qual foi a crítica feita pelo autor da charge por meio da frase "adeus ao sonho da casa própria"?

    _____
    _____
    _____
    _____

4. Complete a linha do tempo abaixo identificando os principais fluxos migratórios que chegaram ao Brasil em cada período histórico apontado.

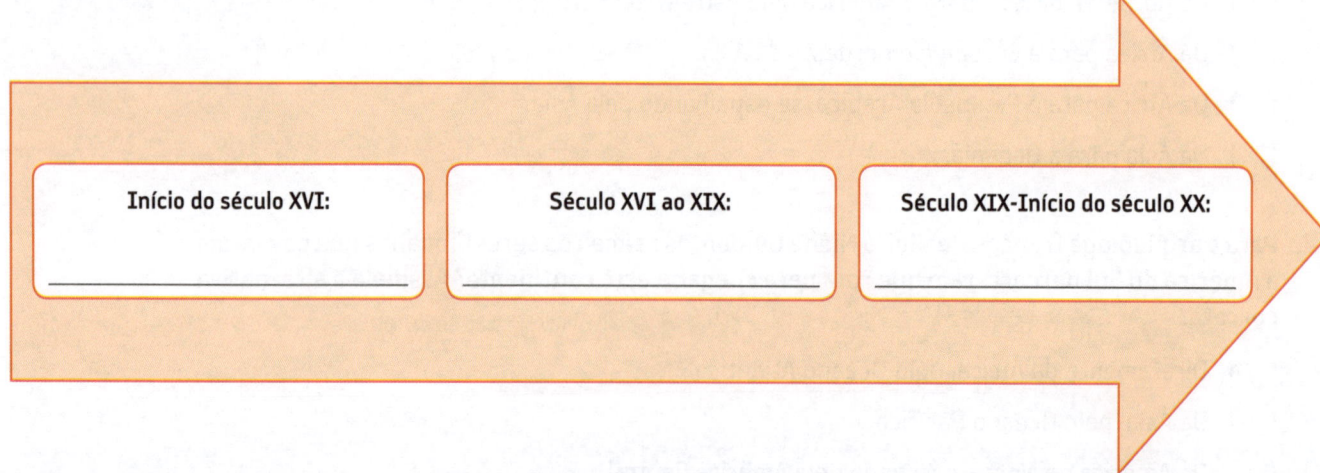

Início do século XVI: _____

Século XVI ao XIX: _____

Século XIX-Início do século XX: _____

5. Complete o esquema com algumas manifestações da diversidade étnica e cultural do Brasil e que resultam das influências dos povos indígenas, africanos, europeus e asiáticos.

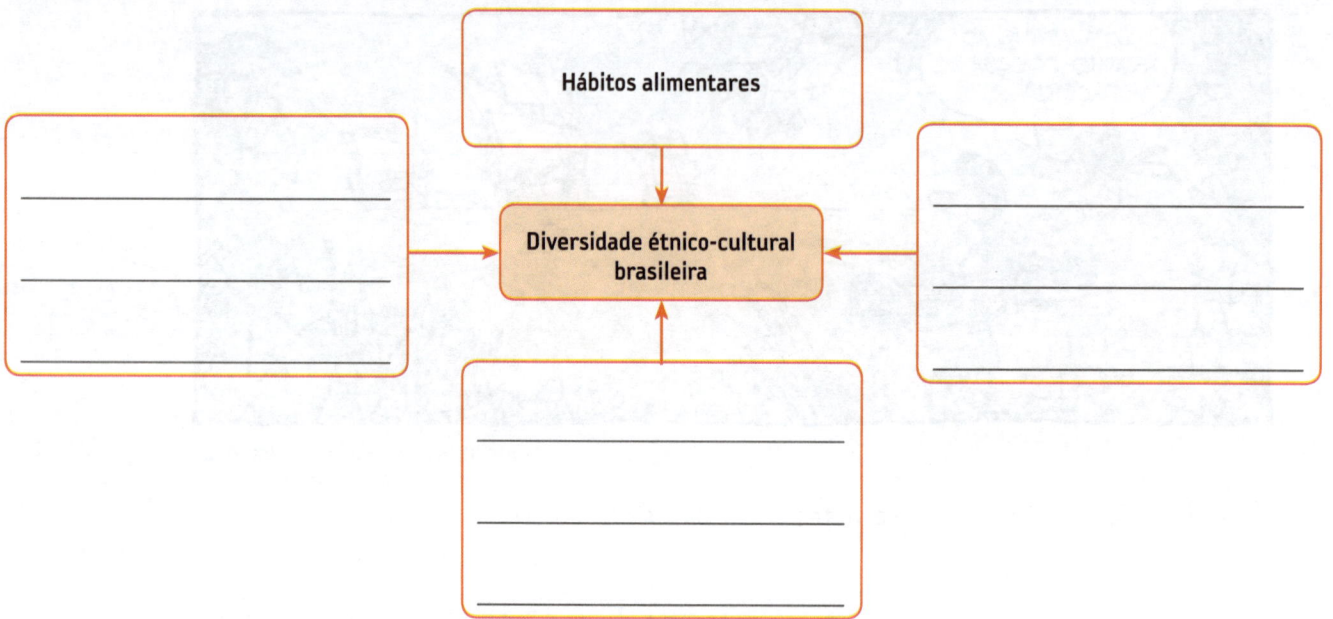

6. Quais são as características dos principais movimentos migratórios que ocorrem hoje no Brasil? Escolha no quadro abaixo as palavras que completam corretamente o texto e escreva-as nas lacunas.

haitianos   europeus   espanhóis   bolivianos   portugueses
colombianos   latino-americanos   japoneses   canadenses

De 2010 a 2018, os maiores fluxos de migração em direção ao Brasil foram de _____, _____ e _____.

Considerando ainda outros movimentos migratórios, conclui-se que predominou nesse período no Brasil a entrada de _____.

7. É possível identificar no Brasil de hoje a influência dos hábitos alimentares de diferentes povos que vieram para o país no decorrer da história. Relacione cada alimento à explicação sobre sua origem.

a) Tapioca.

( ) Prato de origem japonesa feito com arroz, legumes, peixes e outros ingredientes envolvidos por uma folha de alga.

b) *Pizza*.

( ) Prato de origem árabe feito com carne bovina moída. Pode ser frito, assado ou cru.

c) Sushi.

( ) Prato de origem indígena feito com massa de goma de mandioca recheada com diferentes ingredientes.

d) Acarajé.

( ) Prato de origem italiana feito com massa de farinha de trigo, coberta com molho de tomate ou de outros ingredientes.

e) Quibe.

( ) Prato de origem africana feito com massa de feijão-fradinho frita no azeite de dendê e recheada com diferentes ingredientes.

8. O número de imigrantes haitianos no Brasil tem aumentado desde 2010. Quais são as causas desse movimento migratório?

_____
_____
_____
_____

9. Complete o esquema abaixo com exemplos.

Mundo atual: principais causas de movimentos migratórios

- Fatores naturais:
- Fatores econômicos:
- Fatores sociais e políticos:

10. Leia o texto e responda às questões.

[...] a pesquisa mostra que o século XXI trouxe uma nova configuração de fluxos migratórios para o país, com maior frequência e intensidade nos últimos anos. "O Brasil entra na rota das migrações internacionais no século XXI, tanto pela emigração de brasileiros como pela imigração internacional, particularmente no momento em que se fecham as fronteiras do norte – Estados Unidos e Europa. Então, esse é um ponto importante para o entendimento dessa migração, para o entendimento de que o Brasil, mesmo sem um *boom* econômico, continuará a receber imigrantes pela própria geopolítica internacional", disse [Rosana Baeninger, pesquisadora do Núcleo de Estudos da População (Nepo) da Unicamp e coordenadora do projeto].

Segundo ela, esse fluxo foi intenso, por exemplo, desde a ocorrência do terremoto no Haiti em 2010. "O destino da imigração haitiana sempre foi os Estados Unidos. Eles acabaram vindo para o Brasil justamente porque as fronteiras lá já estavam muito mais restritas. Depois, as fronteiras vão se acirrando mais ainda."

As crises econômicas e guerras também influenciam o fluxo migratório atual para o Brasil. "O contexto muda as configurações das migrações. Hoje existem migrações altamente qualificadas junto à migração de menor qualificação. A migração sempre foi vista muito mais vinculada a uma população de menor renda. E o que muda no século XXI é justamente que nós não estamos falando só de uma migração da pobreza, essa é a grande mudança", disse. [...]

BOEHM, Camila. Imigrantes estão distribuídos pelo interior do Brasil, mostra pesquisa. *Agência Brasil*. 14 abr. 2018. Disponível em: <http://agenciabrasil.ebc.com.br/geral/noticia/2018-04/imigrantes-estao-distribuidos-pelo-interior-do-brasil-mostra-pesquisa>. Acesso em: 1º out. 2018.

a) De acordo com a reportagem, por que se pode dizer que, no século XXI, o Brasil entrou na rota das migrações internacionais?

b) Por que se intensificou o fluxo de haitianos para o Brasil em 2010?

c) Quais fatores têm motivado fluxos migratórios em direção ao Brasil na atualidade?

11. Com base na interpretação do gráfico abaixo, complete o esquema e responda à questão.

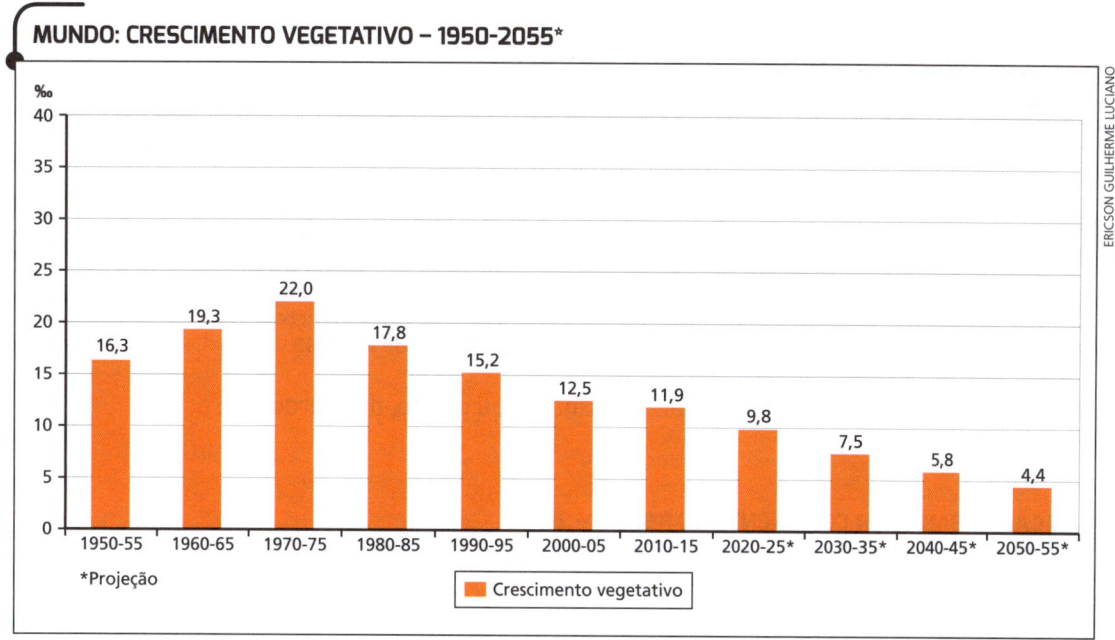

Fonte: ONU. *World population prospects*: the 2017 revision. Disponível em: <https://esa.un.org/unpd/wpp/>. Acesso em: 22 ago. 2018.

De 1950 a 1975	A partir de 1980
O que ocorreu com o crescimento vegetativo:	O que ocorreu com o crescimento vegetativo:

- O que explica a mudança na tendência da taxa de crescimento vegetativo mundial a partir de 1980?

_____
_____
_____
_____
_____
_____
_____
_____

12. A tabela a seguir apresenta a porcentagem de população urbana por continente ou região do mundo em 2018. Interprete-a e depois faça o que se pede.

Mundo: população urbana (em porcentagem) – 2018	
Continente ou Região	População urbana (%)
América do Norte	82
América Latina e Caribe	81
Europa	74
Oceania	68
Ásia	50
África	43

Fonte: ONU. *World urbanization prospects*: the 2018 revision. Disponível em: <https://esa.un.org/unpd/wup/Publications/Files/WUP2018-KeyFacts.pdf>. Acesso em: 30 jul. 2018.

a) Com base na tabela, insira no gráfico o nome de cada continente ou região, de acordo com a porcentagem que cada barra representa.

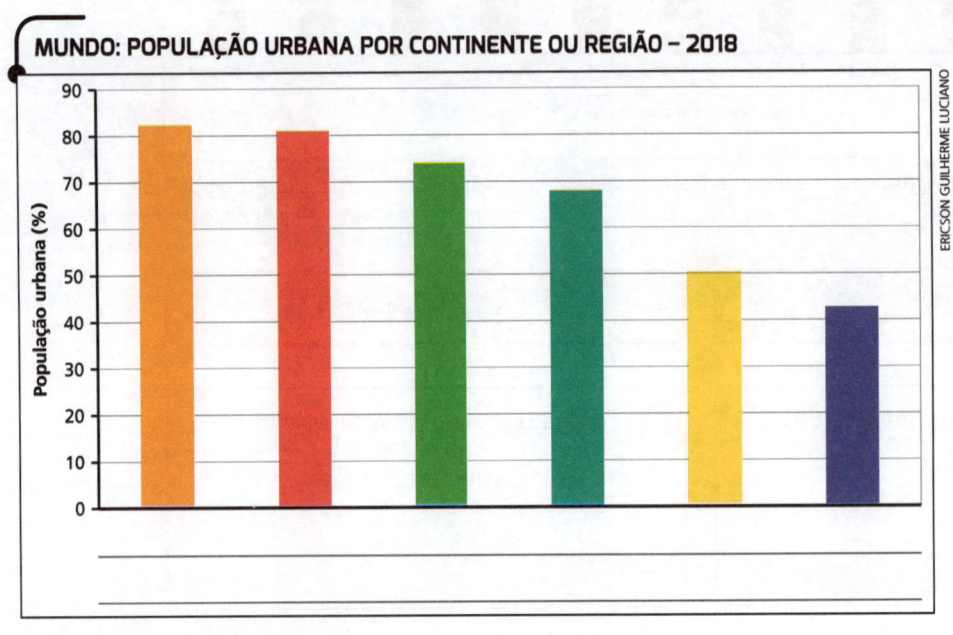

MUNDO: POPULAÇÃO URBANA POR CONTINENTE OU REGIÃO – 2018

b) Com base nos dados do gráfico, responda às questões.

- No mundo, quais são os três continentes ou regiões com as maiores porcentagens de população vivendo em cidades?

- No mundo, em 2018, havia continentes com predomínio de população rural? Se sim, qual(is)?

- De maneira geral, o que é possível afirmar sobre o predomínio de populações urbanas em relação às populações rurais no mundo no início do século XXI?

13. Complete os quadros com a definição de cada conceito.

País	Estado	Nação	Território
_____	_____	_____	_____

14. O que é a Constituição de um país?

_____
_____
_____

15. Complete os quadros com as principais funções de cada instituição de um Estado.

16. Complete as lacunas.

a) As _____ delimitam o território sob domínio de um Estado.

b) Quando um território é delimitado por um rio ou uma montanha, por exemplo, suas fronteiras são chamadas de _____.

c) A fronteira é chamada de _____ quando o limite do território não está baseado em elementos naturais.

17. No continente asiático, em áreas da Turquia, da Síria, do Iraque, do Irã, da Armênia e do Azerbaijão, vive um povo com características culturais e línguas próprias: o povo curdo. Observe no mapa abaixo as áreas onde esse povo vive e explique a frase: os curdos são uma nação que não possui Estado.

ORIENTE MÉDIO: ÁREA ONDE VIVEM OS CURDOS

Fonte: FERREIRA, Graça Maria Lemos. *Atlas geográfico*: espaço mundial. 4. ed. São Paulo: Moderna, 2013. p. 100.

18. Analise a pirâmide etária abaixo e, em seguida, assinale a alternativa incorreta.

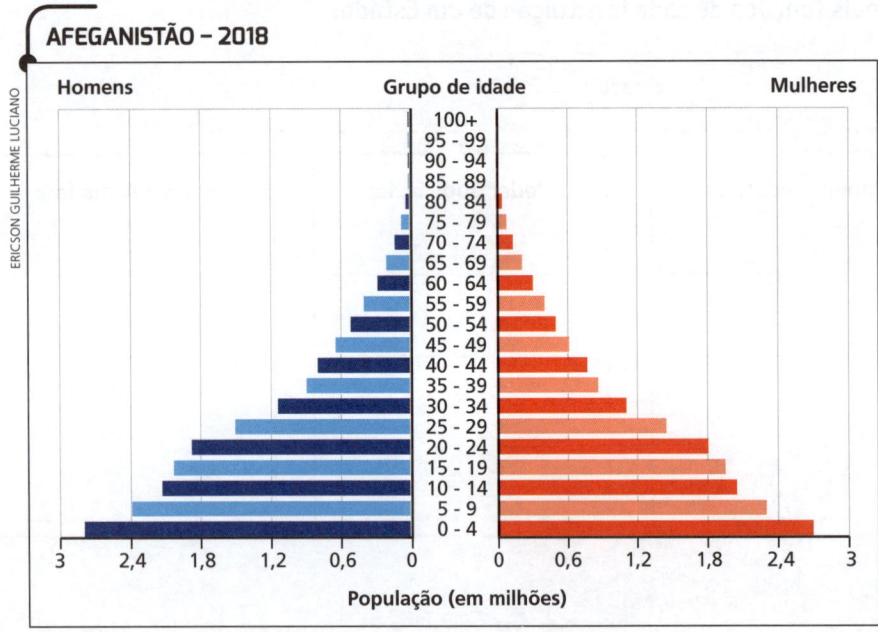

Fonte: U. S. Census Bureau. Disponível em: <https://www.census.gov/data-tools/demo/idb/region.php?N=%20Results%20&T=12&A=separate&RT=0&Y=2018&R=-1&C=AF>. Acesso em: 30 jul. 2018.

a) O Afeganistão apresenta altas taxas de natalidade.

b) A população do Afeganistão é predominantemente jovem.

c) Essa pirâmide etária é característica de um país em desenvolvimento.

d) O Afeganistão apresenta elevada expectativa de vida.

• Reescreva corretamente a frase assinalada.

UNIDADE 2 O MUNDO HOJE

RECAPITULANDO

- O capitalismo é um sistema de organização econômica e social que se estrutura, de maneira geral, na separação entre trabalhadores, que vendem sua força de trabalho em troca de um salário, e capitalistas, que contratam os trabalhadores para produzir mercadorias.

- O sistema capitalista se baseia na propriedade privada dos meios de produção, na economia de mercado, no trabalho assalariado, na lei da oferta e da procura, na concorrência entre as empresas e no lucro.

- O socialismo é um sistema de organização política, econômica e social que visa à construção de uma sociedade sem classes sociais e sem desigualdades. Para alcançar esse objetivo, o socialismo propõe a extinção da propriedade privada e que o Estado se responsabilize por garantir o acesso igual a bens e serviços para todas as pessoas.

- Nos países socialistas que já existiram, o Estado possuía a terra e os meios de produção e planejava as estratégias econômicas a serem adotadas, responsabilizando-se também por criar empregos para toda a população. Algumas desigualdades sociais, porém, foram mantidas.

- A ordem bipolar surgiu após a Segunda Guerra Mundial e se caracterizou pela disputa entre dois blocos econômicos de poder: o capitalista (liderado pelos Estados Unidos) e o socialista (liderado pela União Soviética).

- A disputa entre os Estados Unidos e a União Soviética pela hegemonia mundial é chamada de Guerra Fria e ficou marcada pelas tensões nas relações internacionais e pelo enfrentamento indireto.

- Cada superpotência (União Soviética e Estados Unidos) constituiu sua área de influência: o bloco socialista era formado por países do Leste Europeu e pela China, e o bloco capitalista era formado por países da Europa Ocidental e pelo Japão. A maior parte dos países da América Latina integrou a área de influência dos Estados Unidos.

- Com o fim da Guerra Fria no início dos anos 1990, a bipolarização deu lugar à Nova Ordem Mundial, na qual os Estados Unidos eram a grande potência econômica e militar.

- O espaço mundial pode ser regionalizado a partir de diferentes critérios. A regionalização de mundo segundo os níveis de desenvolvimento classifica os países em "economias desenvolvidas", "economias em transição" e "economias em desenvolvimento".

- O desenvolvimento tecnológico e as transformações nos setores de transporte e telecomunicações possibilitaram a integração econômica, social e cultural que caracteriza a era da globalização.

- A automação industrial, a robótica e a informática transformaram a produção industrial. De um lado, a produtividade aumentou e, de outro, a diminuição dos postos de trabalho provocou o chamado desemprego estrutural.

- Atualmente, grandes empresas atuam ao redor do mundo, distribuindo sua produção por diferentes países e fragmentando seu processo produtivo. Esse processo é conhecido como dispersão espacial da indústria.

1. Complete o esquema com as principais características do sistema capitalista.

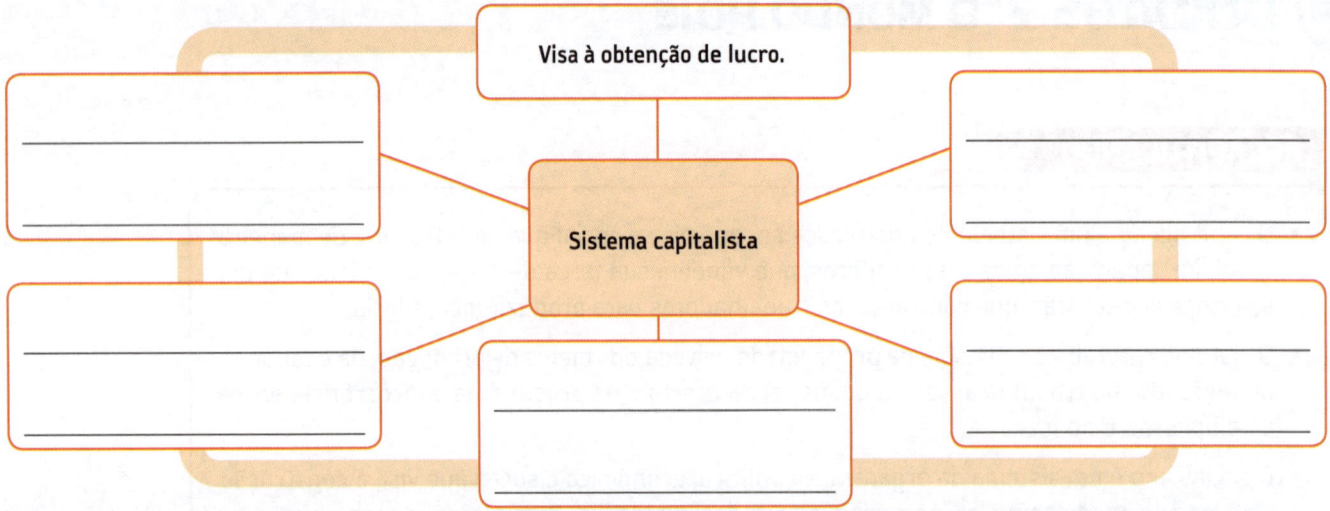

2. Complete a linha do tempo abaixo com as características principais de cada fase de desenvolvimento do capitalismo.

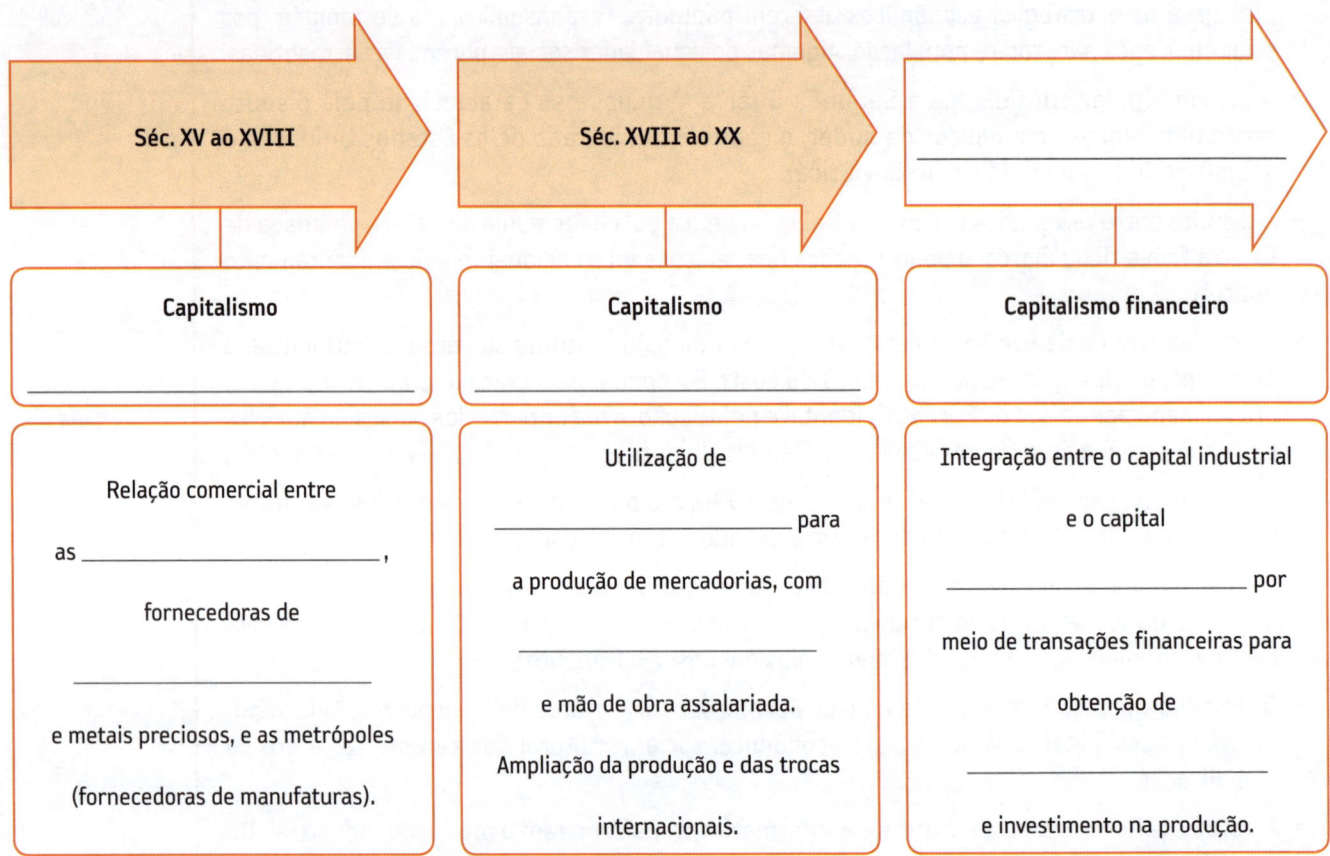

3. Marque com um X as frases que apresentam características do sistema socialista.

( ) Livre concorrência entre as empresas.

( ) Propõe a extinção da propriedade privada dos meios de produção.

( ) Sistema político, econômico e social presente na maior parte dos países.

( ) Planejamento estatal das atividades econômicas.

4. Complete o quadro com informações sobre o capitalismo e o socialismo, identificando algumas diferenças entre esses sistemas econômicos e sociais.

Aspectos importantes	Capitalismo	Socialismo
Propriedade dos meios de produção		
Regulação da economia		

5. Explique por que a China é considerada um país com características híbridas em termos econômicos e políticos.

_____
_____
_____
_____
_____
_____

6. Complete o esquema sobre a ordem bipolar.

Ordem bipolar: período da história mundial marcado pela disputa entre duas superpotências pela _____ mundial.

Países
_____

Países
_____

×

Superpotência:
_____

Superpotência:
_____

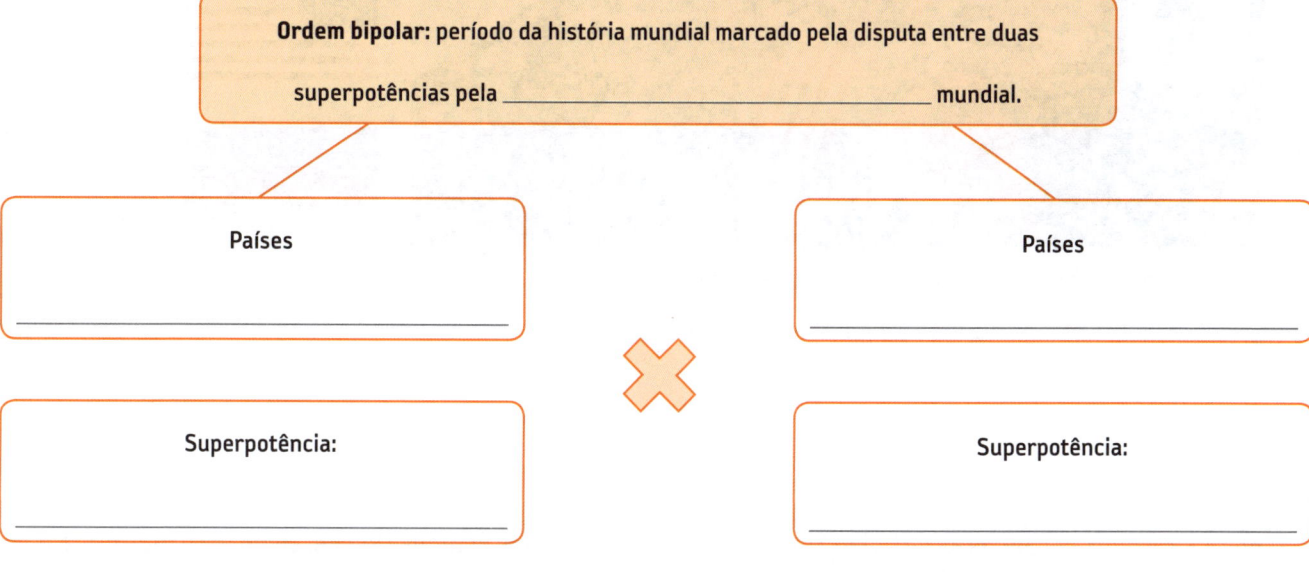

Objetivo de cada superpotência:

ampliar _____ e impedir o avanço do sistema ideológico contrário.

15

7. Mafalda é uma personagem de história em quadrinho que se caracteriza pela preocupação com a humanidade. Interprete a tirinha abaixo e depois faça o que se pede.

a) As cenas representadas na tirinha se passam durante um determinado período histórico. Qual é esse período e o que o caracterizou? Justifique sua resposta.

_____
_____
_____

b) O que foi a chamada Cortina de Ferro?

_____

8. Observe as imagens e responda às questões.

Bandeira da União Soviética.

Bandeira dos Estados Unidos.

Bandeira da Alemanha.

Trecho remanescente do Muro de Berlim, na Alemanha, em 2015.

a) O que foi o Muro de Berlim e o que essa construção simbolizou?

_____
_____

b) Observando as bandeiras da União Soviética, da Alemanha e dos Estados Unidos, como você interpreta a pintura produzida nesse trecho do Muro de Berlim conservado até hoje?

_____
_____

9. Na ordem bipolar, como os países da América Latina se posicionaram? Escreva sobre a situação dos países latino-americanos nesse período histórico.

___

10. Observe o mapa e responda às questões.

MUNDO: REGIONALIZAÇÃO EM PAÍSES DO NORTE E PAÍSES DO SUL

Países do Norte
Países do Sul

Fonte: MARTINELLI, Marcello. *Atlas geográfico*: natureza e espaço da sociedade. São Paulo: Editora do Brasil, 2003. p. 77.

a) Em que momento histórico a regionalização do mundo em países do Norte e países do Sul foi criada?

___

b) Quais foram os critérios adotados para a regionalização do mundo em países do Norte e países do Sul?

___

c) Por que essa regionalização deixou de ser adotada?

___

11. Complete o quadro abaixo com as principais características dos países que pertencem a cada nível de desenvolvimento, conforme a classificação proposta pela ONU.

ONU: regionalização do mundo por nível de desenvolvimento		
Economias desenvolvidas	Economias em transição	Economias em desenvolvimento

12. Marque com um X as fotos que retratam atividades relacionadas à produção de *commodities*.

Plantação de café em Santa Mariana (PR, 2018).

Fábrica de automóveis em Goiana (PE, 2015).

Plataforma de exploração de petróleo na Baía de Guanabara, Niterói (RJ, 2015).

Plantação de milho em Jataí (GO, 2018).

Fábrica de telefone móvel em Dongguan (China, 2015).

Extração de minério de ferro em Parauapebas (PA, 2017).

- O que são *commodities*?

13. O gráfico abaixo representa os valores que os dez países que mais investem em pesquisa científica no mundo aplicaram nesse setor em 2015.

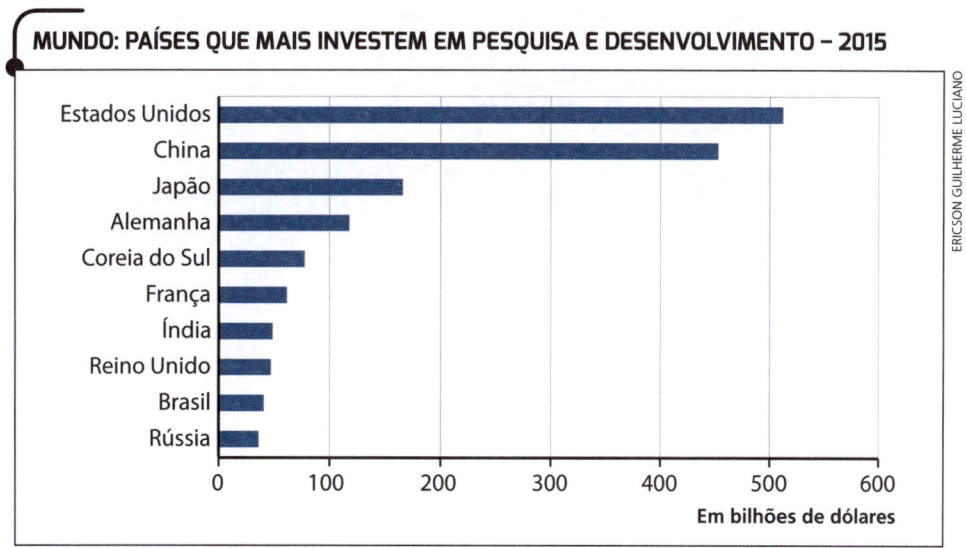

Fonte: UNESCO. Institute for Statistics. *Global Investments in R&D* – Fact Sheet n. 50. Jun. 2018. Disponível em: <http://uis.unesco.org/sites/default/files/documents/fs50-global-investments-rd-2018-en.pdf>. Acesso em: 1º ago. 2018.

a) Em 2015, quais foram os dois países que mais investiram em pesquisa e desenvolvimento no mundo?

_____

b) O que a maior parte dos países que constam desse gráfico tem em comum? Ao responder, explique qual é a importância do investimento em pesquisa científica para o desenvolvimento dos países.

_____
_____
_____
_____
_____
_____

14. Defina o conceito de globalização.

_____
_____
_____
_____

15. Complete o diagrama.

```
                        Brics
                          |
              Grupo formado por
              5 países emergentes:
```

[_____] + [_____] + [_____] + [_____] + [_____]

Objetivo do bloco:

_____
_____
_____

16. Observe a foto e responda às questões.

Montadora de automóveis de uma empresa transnacional estadunidense na cidade de Sanand, na Índia, em 2017.

a) O que são empresas transnacionais? Justifique sua resposta utilizando a fotografia como exemplo.

_____
_____
_____

b) Que tipos de incentivo essas empresas buscam ao escolher onde vão instalar suas filiais?

_____
_____

17. Com base em seus conhecimentos e nas informações apresentadas no texto, classifique as frases a seguir como verdadeiras (V) ou falsas (F).

> Estas [as empresas globais] funcionam a partir de uma fragmentação, já que um pedaço da produção pode ser feita na Tunísia, outro na Malásia, outro ainda no Paraguai, mas isto apenas é possível porque a técnica hegemônica de que falamos é presente ou passível de presença em toda a parte. [...] Se a produção se fragmenta tecnicamente, há, do outro lado, uma unidade política de comando.
>
> SANTOS, Milton. *Por uma outra globalização*: do pensamento único à consciência universal. 6. ed. Rio de Janeiro: Record, 2001. p. 13.

( ) O desenvolvimento dos meios de transporte e de comunicação foi fundamental para o surgimento das empresas transnacionais.

( ) O processo de produção mencionado no texto está associado ao fenômeno da dispersão espacial da indústria.

( ) Em uma empresa transnacional, todas as etapas de produção de uma mercadoria são feitas no mesmo país.

( ) A sede das empresas transnacionais está geralmente localizada em países desenvolvidos.

18. Observe a foto e complete as lacunas do texto.

Interior de uma fábrica de peças automotivas, em Munique (Alemanha). Foto de 2018.

Os avanços tecnológicos proporcionaram a modernização dos processos produtivos. Muitas atividades que antes eram feitas por _____ passaram a ser feitas por robôs e máquinas. Essa modernização possibilitou um aumento da produtividade, mas, com a redução dos postos de trabalho, provocou o _____.

UNIDADE 3 O CONTINENTE AMERICANO

RECAPITULANDO

- Antes da chegada dos colonizadores europeus, o território do continente americano era ocupado por centenas de povos com diversas línguas e formas de organização cultural e social. A partir do século XVI, vieram para a América africanos escravizados e imigrantes de várias nacionalidades.

- De acordo com o critério geográfico, a América pode ser regionalizada em América do Norte, América Central e América do Sul.

- De acordo com o critério histórico, cultural e socioeconômico, a América pode ser dividida em América Anglo-Saxônica e América Latina.

- A América apresenta grande diversidade de relevo, climas e tipos de vegetação. As características naturais do continente influenciam as formas de ocupação e os modos de vida da população.

- Os quatro grandes conjuntos de relevo existentes na América que se distinguem pela altitude são: altas cordilheiras, planícies, depressões e planaltos antigos e desgastados.

- O clima do continente americano apresenta uma grande variedade, que vai do clima polar ao equatorial.

- A vegetação da América passou por intensas alterações. Alguns tipos de vegetação foram significativamente reduzidos pelas ações humanas.

- Na costa leste do continente americano encontram-se áreas com elevadas densidades demográficas. As densidades demográficas são mais baixas nos extremos norte e sul do continente (que apresentam clima mais frio) e nas áreas de floresta, de deserto e de montanhas.

- O crescimento demográfico na América é desigual: os países desenvolvidos apresentam taxas menores de crescimento da população que os países em desenvolvimento.

- Os países da América Latina apresentam graves problemas sociais decorrentes, sobretudo, da distribuição desigual da riqueza.

- O continente americano é rico em recursos naturais: importantes jazidas de minério; litoral extenso (favorável ao desenvolvimento da pesca); ampla rede hidrográfica que fornece água para consumo, irrigação, transporte e geração de eletricidade; e tipos variados de solo e clima que permitem o desenvolvimento da agropecuária.

- A formação geológica do continente americano possibilita a exploração de jazidas minerais e de combustíveis fósseis. Estados Unidos, Canadá, México, Equador e Venezuela são grandes produtores de petróleo, enquanto o Chile se destaca na produção de cobre.

- A produção agropecuária da América é diversificada. Na América Anglo-Saxônica, há alto grau de mecanização e tecnologia, que resultam em grande produtividade.

- No continente, a produção industrial se concentra na América Anglo-Saxônica e em algumas áreas da América Latina.

- A partir da década de 1970, o setor de comércio e de serviços cresceu em importância no continente e hoje ocupa a maior parte da população economicamente ativa da maioria dos países.

1. Complete o esquema com informações sobre as duas principais regionalizações do continente americano.

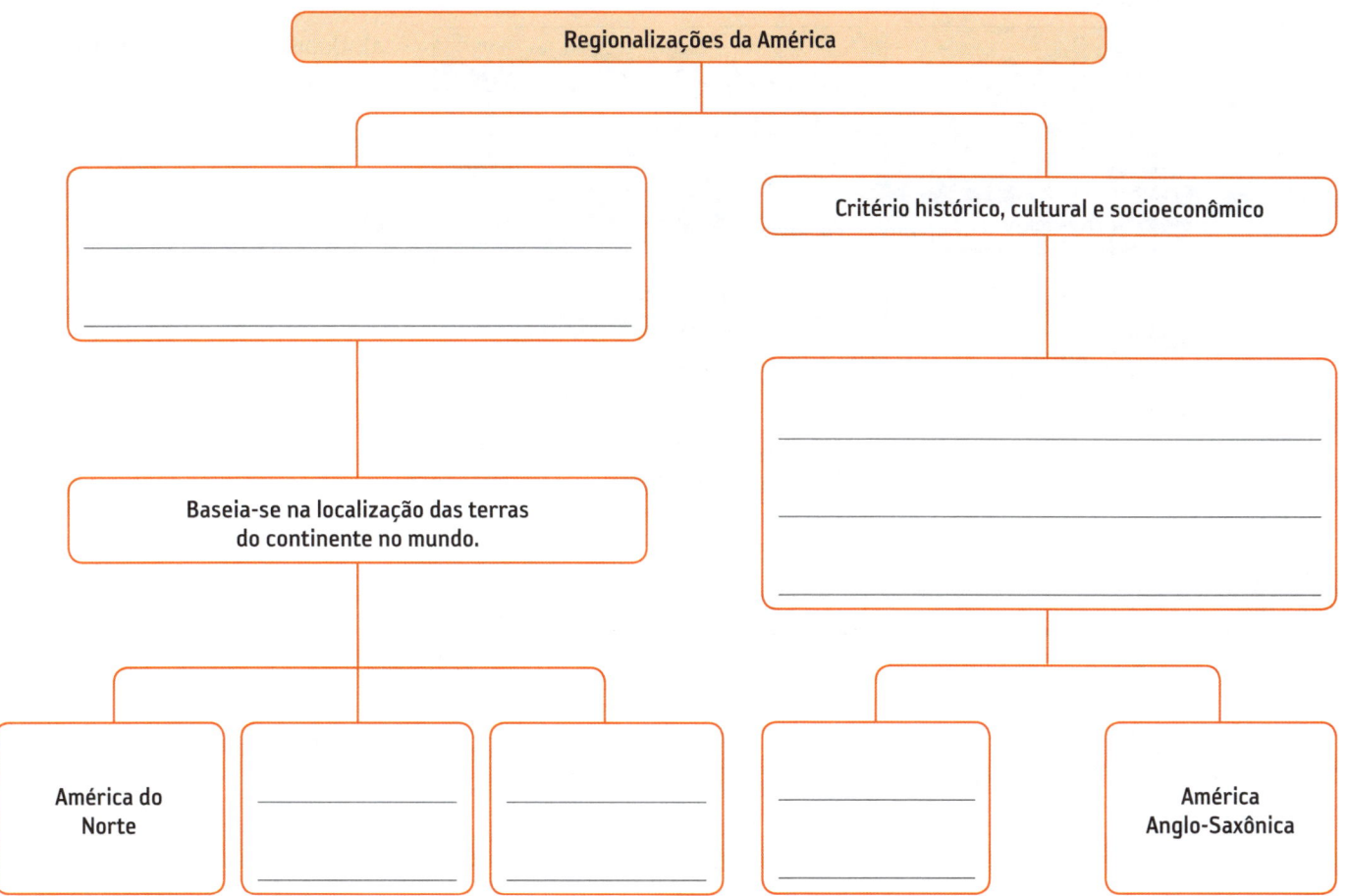

2. Considerando a regionalização da América com base no critério histórico, cultural e socioeconômico, relacione cada região às suas características.

   (A) América Latina   (B) América Anglo-Saxônica

   (   ) Formada por países que exportam tecnologia e produtos industrializados.

   (   ) Formada por países com língua dominante originada do latim.

   (   ) Agrupa sobretudo países em desenvolvimento.

   (   ) Formada por países colonizados principalmente pelo Reino Unido.

   (   ) Composta de países desenvolvidos.

   (   ) A maior parte de seus países produz e exporta matérias-primas agropecuárias ou minerais para os países desenvolvidos.

3. Sobre a posição do México nas regionalizações da América, é correto afirmar que:

   a) o México faz parte da América do Norte e da América Latina.

   b) o México faz parte da América Central e da América Latina.

   c) o México faz parte da América do Norte e da América Anglo-Saxônica.

   d) o México não pertence à América do Norte.

   e) o México não integra o continente americano.

4. Observe o mapa abaixo e, utilizando os seus conhecimentos, responda às questões.

Fonte: FERREIRA, Graça Maria Lemos. *Moderno atlas geográfico.* São Paulo: Moderna, 2016. p. 38.

a) Quais são as línguas mais faladas no Canadá?

_____

b) O que explica o Canadá ter essa dualidade linguística?

_____
_____
_____
_____
_____
_____
_____

c) Em qual(is) província(s) do Canadá mais de 80% da população tem o inglês como língua materna? E em qual(is) mais de 80% da população tem o francês como língua materna?

_____
_____
_____
_____

5. Com base na imagem e nas informações dadas na legenda, caracterize a formação montanhosa retratada no que diz respeito à sua idade geológica, temperatura predominante na região e ocupação humana.

Vista de parte das Montanhas Rochosas, cadeia que se estende pela costa oeste dos Estados Unidos e do Canadá. Foto no estado de Columbia (Estados Unidos, 2012).

24

6. Complete o quadro com as informações abaixo.

> Montes Apalaches, Planalto das Guianas e Planalto Brasileiro.
>
> Predominam cadeias de montanhas com idade geológica recente que apresentam altitudes elevadas.
>
> Áreas onde predominam montanhas e planaltos muito antigos, bastante desgastados pelos agentes erosivos.
>
> Frio de altitude dificulta a ocupação humana.
>
> Planícies e depressões da Amazônia, Planície do Pantanal e Depressão do Chaco.

América: natureza e ocupação humana			
	Costa oeste	Áreas centrais	Costa leste
Relevo predominante e suas principais características		Predominam áreas de planície e depressões, onde prevalecem os processos de transporte e deposição de sedimentos.	
Algumas denominações das unidades de relevo	Montanhas Rochosas, Serra Madre e Cordilheira dos Andes.		
Povoamento		São mais povoadas no norte do que no sul do continente.	Abriga grandes cidades e importantes áreas industriais, agrícolas e de exploração mineral.

7. Numere as frases a seguir de acordo com a ordem dos processos.

( ) Ao passar pela Floresta Amazônica, a umidade que vem do Oceano Atlântico soma-se à umidade produzida pela evapotranspiração da floresta, formando nuvens.

( ) Os ventos carregados de vapor do Oceano Atlântico sopram continuamente em direção aos Andes.

( ) A massa de ar é desviada pela Cordilheira dos Andes para o interior do continente e a umidade alimenta as bacias hidrográficas ao sul da Amazônia.

( ) As nuvens precipitam parcialmente na encosta andina como chuva e neve.

8. Relacione os tipos climáticos da América às suas características principais.

(1) Clima equatorial.

(2) Clima tropical.

(3) Clima subtropical.

(4) Clima desértico.

(5) Clima semiárido.

(6) Clima mediterrâneo.

(7) Clima temperado.

(8) Clima frio.

(9) Clima polar.

(10) Clima frio de montanha.

(3) Invernos amenos, verões quentes e chuvas bem distribuídas durante todo o ano.

(10) Predomina nas áreas de montanha e grandes altitudes, com baixas temperaturas durante todo o ano.

(1) Altas temperaturas médias anuais, alta pluviosidade e chuvas distribuídas regularmente.

(8) Baixas temperaturas médias anuais, inverno longo e rigoroso.

(9) Temperatura média anual muito baixa, com precipitações em forma de neve.

(6) Na América, ocorre em uma estreita faixa na Califórnia e outra no litoral do Chile, com invernos chuvosos e verões secos.

(2) Altas temperaturas médias anuais, chuvas concentradas no verão e inverno seco.

(4) Escassez de chuvas, altas temperaturas durante o dia e extremo frio à noite.

(5) Altas temperaturas médias anuais, com chuvas escassas e mal distribuídas.

(7) Estações do ano bem definidas, com verão quente e inverno muito frio.

9. O continente americano já teve sua vegetação bastante devastada. Complete as lacunas do texto com informações sobre a vegetação nativa americana.

Grande parte do Canadá é recoberta pela _____.

Essa vegetação tem grande valor econômico, pois a madeira das árvores dessa floresta é utilizada nas indústrias de _____ e _____. No centro-oeste dos Estados Unidos, predomina a vegetação das _____.

Os solos são muito férteis nessa região, e esse tipo de vegetação deu lugar à _____ _____, uma das mais produtivas do mundo. No Brasil, o cultivo de soja e a pecuária tomaram o lugar de parte do _____. No país, embora ainda existam extensas áreas de vegetação nativa, o desmatamento ameaça a preservação da Floresta Amazônica, que vem sendo retirada para a prática da _____

e da _____.

10. Com base no mapa abaixo, complete o quadro a seguir com informações sobre a densidade demográfica do continente americano.

Fonte: IBGE. Atlas geográfico escolar. 7. ed. Rio de Janeiro: IBGE, 2016. p. 70.

Densidade demográfica da América		
	Nível de densidade demográfica	Fatores inibidores ou favoráveis à ocupação
Costa oeste		
Costa leste		
Extremos norte e sul		

11. Complete o diagrama a seguir com informações sobre as mudanças demográficas ocorridas na América Anglo-Saxônica entre a segunda metade do século XIX e meados do século XX.

Segunda metade do século XIX	→	Meados do século XX
Contexto econômico e social: período de crescimento econômico, melhoria das condições de vida e entrada de imigrantes.		**Contexto econômico e social:** ingresso da mulher no mercado de trabalho e disseminação de métodos anticoncepcionais.
Consequências: ______		**Consequências:** ______

12. Explique a explosão demográfica ocorrida na América Latina na segunda metade do século XX.

______

13. Interprete o mapa abaixo e depois responda às perguntas.

AMÉRICA LATINA: DISTRIBUIÇÃO DE RENDIMENTOS – 2015

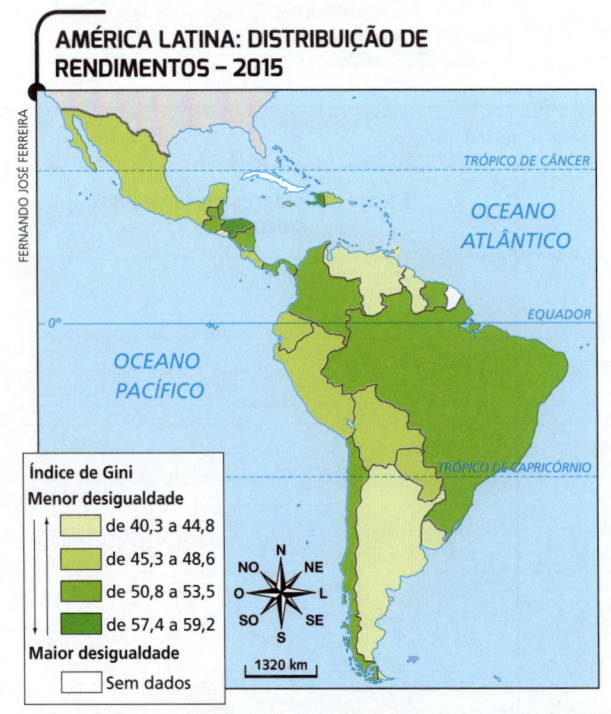

Fonte: FERREIRA, Graça Maria Lemos. *Moderno atlas geográfico*. São Paulo: Moderna, 2016. p. 36.

a) O que mede o índice de Gini e como os dados do mapa devem ser interpretados?

______

b) O que se pode dizer sobre a concentração de renda na América Latina?

______

14. Analise as pirâmides etárias e complete o quadro com as informações solicitadas.

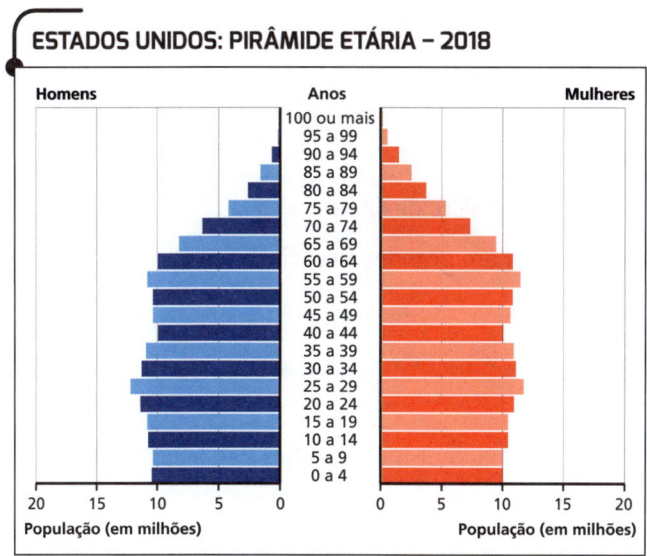

Fonte: U. S. CENSUS BUREAU. Disponível em: <https://www.census.gov/data-tools/demo/idb/region.php?N=%20Results%20&T=12&A=separate&RT=0&Y=2018&R=150&C=US>. Acesso em: 21 ago. 2018.

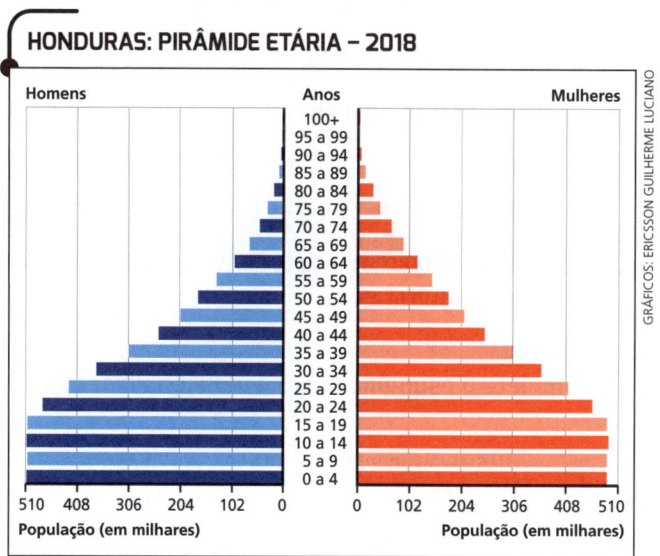

Fonte: U. S. CENSUS BUREAU. Disponível em: <https://www.census.gov/datatools/demo/idb/region.php?N=%20Results%20&T=12&A=separate&RT=0&Y=2018&R=-1&C=HO1&C=HO>. Acesso em: 21 ago. 2018.

País	Estrutura etária	Causas
Estados Unidos	Grande participação de adultos e idosos.	
Honduras		

15. Sobre a exploração de recursos minerais na América, é correto afirmar que:

a) os países da América Anglo-Saxônica têm subsolo pobre.

b) os países da América Latina são ricos em carvão e grandes exportadores de ouro.

c) na América do Norte há poucas reservas de petróleo.

d) as leis sobre questões ambientais são mais rígidas na América Latina do que na América Anglo-Saxônica.

e) a legislação ambiental tende a ser menos rigorosa na América Latina.

16. Marque as características da produção agropecuária da maioria dos países da América Latina com a letra (A) e da América Anglo-Saxônica com a letra (B).

( ) Alta produtividade.

( ) Baixa produtividade.

( ) Alto grau de mecanização e utilização de técnicas modernas.

( ) Utilização de técnicas tradicionais; a mecanização ocorre de maneira desigual.

( ) Predomínio de produção voltada para exportação e praticada em grandes propriedades monocultoras.

17. Complete o esquema sobre a industrialização da América Latina.

- Desenvolvimento tecnológico: _____
- Países mais industrializados: _____
- Principais características das importações e das exportações: _____
- Mão de obra empregada: _____

(Industrialização da América Latina)

18. Caracterize o *Manufacturing Belt* e o *Sun Belt* nos Estados Unidos.

_____

UNIDADE 4 ESTADOS UNIDOS E CANADÁ

RECAPITULANDO

- Os Estados Unidos são o terceiro maior país do mundo em extensão territorial, considerando o Alasca e o Havaí, territórios que pertencem ao país.

- O território estadunidense é rico em recursos minerais e energéticos, permitindo que o país produza cerca de 80% da energia que consome. As extrações de petróleo e, mais recentemente, de gás de xisto são intensas no país.

- Mesmo com investimentos em energias renováveis, devido ao alto consumo de combustíveis fósseis, os Estados Unidos são o segundo maior emissor de CO_2 do planeta.

- A atividade industrial estadunidense apresenta grande desenvolvimento em infraestrutura e tecnologia, sendo por isso uma das mais produtivas e modernas do mundo.

- A agricultura estadunidense é intensiva, altamente mecanizada e ligada à agroindústria. Por isso, tem elevado rendimento e emprega pouca mão de obra.

- A população dos Estados Unidos se distribui pelo território de maneira irregular. As maiores densidades demográficas estão no Nordeste, na região dos Grandes Lagos e na costa oeste do país. Caraterísticas naturais, como frio intenso, dificultam a ocupação humana em algumas regiões.

- Por ser um país desenvolvido, os Estados Unidos atraem movimentos migratórios, muitas vezes ilegais.

- Os Estados Unidos apresentam grandes desigualdades sociais.

- Os Estados Unidos possuem grande poder de influência nas relações internacionais, agindo em diferentes instituições e países para defender seus interesses econômicos, estratégicos e geopolíticos.

- A presença mundial dos Estados Unidos se dá pelas empresas transnacionais, acordos comerciais, investimentos no setor industrial e tecnológico, no de defesa, armamentos e na indústria cultural.

- O Canadá é um país marcado por grande extensão do território e população relativamente pouca numerosa, fazendo com que o país seja pouco povoado.

- O crescimento vegetativo do Canadá é baixo, e há escassez de mão de obra. Por isso, o governo canadense tem uma política de imigração que favorece a entrada no país de profissionais qualificados nas áreas em que o país necessita de mão de obra.

- A economia canadense é baseada no extrativismo (especialmente de madeira em áreas de reflorestamento e de minerais como petróleo e gás natural), na agricultura (intensiva e com grande uso de tecnologia) e na indústria (moderna e com emprego de tecnologia).

1. Explique com suas palavras por que os Estados Unidos são um país com dimensões continentais e com um subsolo privilegiado.

_____
_____
_____

2. Barack Obama foi presidente dos Estados Unidos entre 2009 e 2017, ano em que foi substituído pelo novo presidente eleito Donald Trump. Leia a notícia abaixo e depois responda às questões.

Trump assina decreto que revoga medidas ambientais de Obama

O presidente dos Estados Unidos, Donald Trump, assinou hoje o decreto-executivo da Independência Energética, que revê medidas do governo do ex-presidente Barack Obama que tinham como objetivo diminuir as emissões de gases de efeito estufa dos Estados Unidos para atender aos compromissos feitos no Acordo de Paris, de 2015. Segundo Trump, o decreto é necessário uma vez que a gestão Obama implementou regulamentações "caras que prejudicaram os empregos e a produção de energia nos Estados Unidos". "Nós vamos colocar um fim à guerra contra o carvão", disse o presidente norte-americano.

Em seu discurso, Trump fez referência ao Plano de Energia Limpa de Obama, que obrigou os estados a limitarem as emissões de carbono em suas usinas energéticas. Segundo a Casa Branca, o plano poderia custar aos americanos até U$ 39 bilhões por ano e aumentar em pelo menos 10% o preço da eletricidade em muitos estados. [...]

ORTE, Paola De. Trump assina decreto que revoga medidas ambientais de Obama. *Agência Brasil*, 28 mar. 2017. Disponível em: <http://agenciabrasil.ebc.com.br/internacional/noticia/2017-03/trump-assina-decreto-qu-revoga-medidas-ambientais-de-obama>. Acesso em: 22 ago. 2018.

a) De acordo com a notícia, por que o governo de Barack Obama tinha implantado o chamado Plano de Energia Limpa?

_____
_____

b) Que decisão o presidente Trump tomou em relação ao Plano de Energia Limpa?

_____
_____

c) O que Donald Trump quis dizer com "colocar um fim à guerra contra o carvão"?

_____
_____
_____

d) De acordo com seus conhecimentos, quais são as possíveis consequências dessa decisão do presidente estadunidense?

_____
_____
_____

3. Leia a tabela abaixo e responda às questões a seguir.

Mundo: os cinco maiores emissores de CO_2 – 2016	
País	CO_2 (toneladas métricas)
China	10.151
Estados Unidos	5.411
Índia	2.320
Rússia	1.671
Japão	1.225

Fonte: GLOBAL Carbon Project. *Global Carbon Atlas*. Disponível em: <http://www.globalcarbonatlas.org/en/CO2-emissions>. Acesso em: 15 out. 2018.

a) Qual é a posição dos Estados Unidos em relação às emissões mundiais de CO_2?

_____

b) O que explica essa quantidade de emissão de CO_2 pelos Estados Unidos?

_____

4. Complete o esquema abaixo.

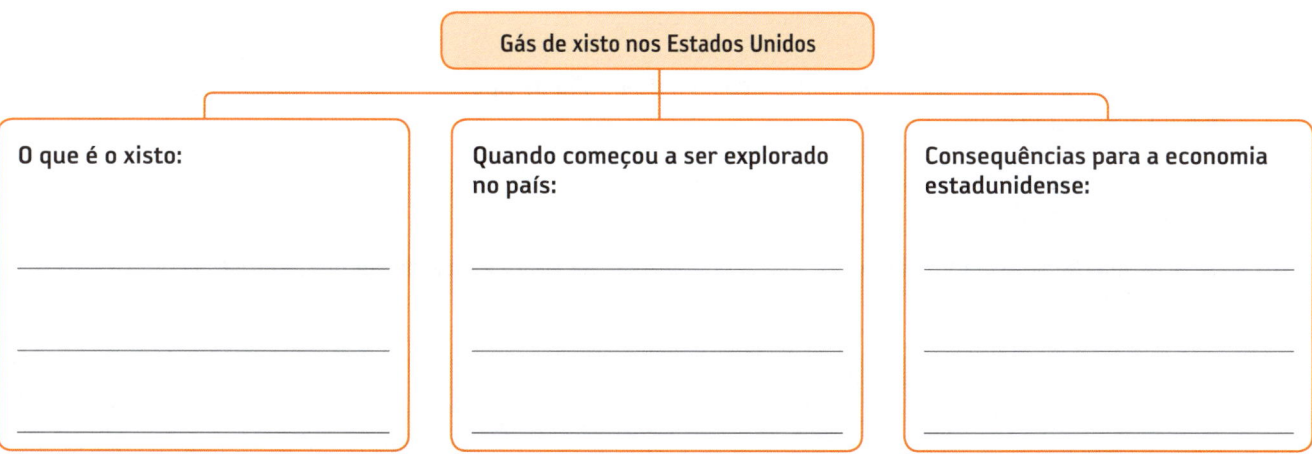

5. Complete o diagrama abaixo sobre as principais áreas de produção agropecuária nos Estados Unidos.

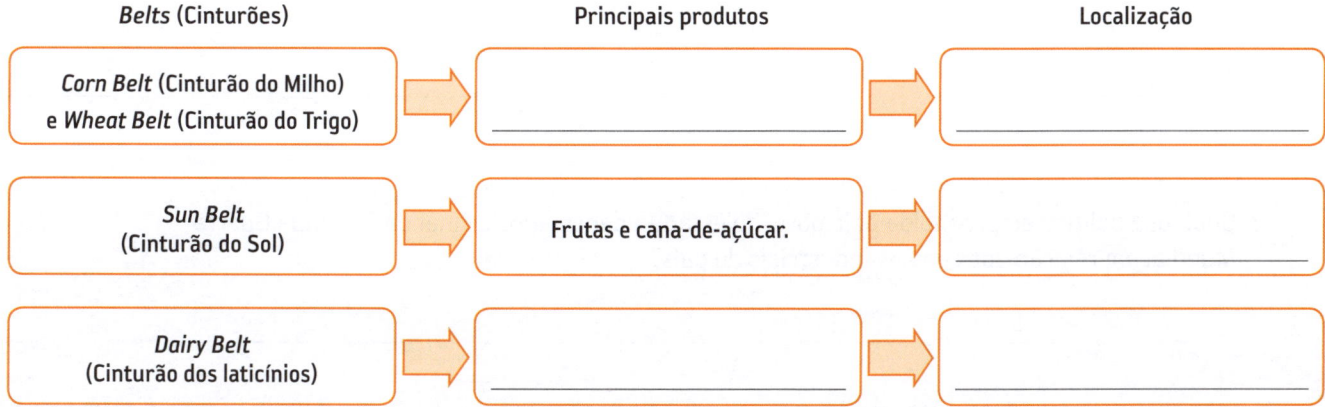

6. Interprete o mapa abaixo e responda às questões a seguir.

Fonte: FERREIRA, Graça M. L. Atlas geográfico: espaço mundial. 4. ed. São Paulo: Moderna, 2013. p. 75.

a) De acordo com o mapa, em que áreas do território estadunidense estão os polos industriais de desenvolvimento mais recente e como eles são chamados?

_____

_____

b) Localize no mapa o Vale do Silício (*Silicon Valley*). Quais são os tipos de indústria que predominam nesse polo industrial?

_____

c) De acordo com seus conhecimentos, qual é a importância estratégica desse polo industrial para os Estados Unidos?

_____

_____

d) Localize no mapa o *Manufacturing Belt* e explique o que caracteriza essa região industrial dos Estados Unidos.

_____

_____

_____

e) Qual foi a política empreendida pelo governo estadunidense após o final da Segunda Guerra Mundial em relação aos centros industriais do país?

_____

_____

7. Complete o esquema a seguir sobre as megalópoles estadunidenses.

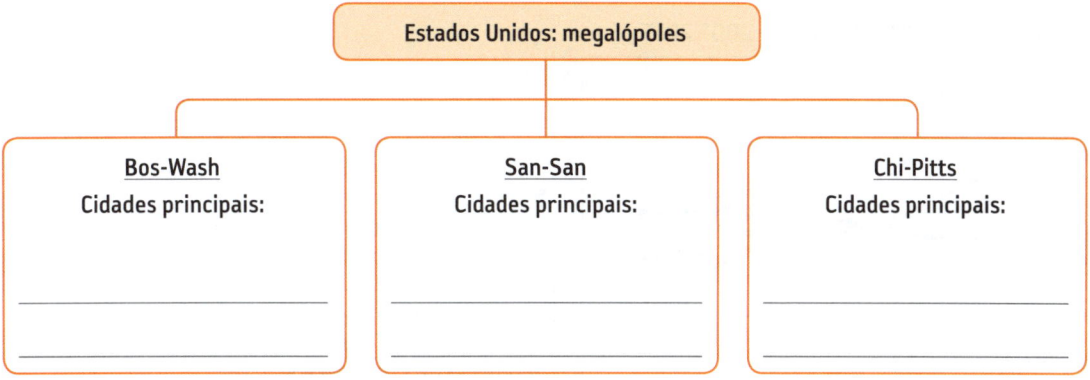

8. Assinale a alternativa incorreta sobre a imigração nos Estados Unidos.

a) Atualmente, nos Estados Unidos, a maior parte dos imigrantes provém de países da América Latina e da Ásia.

b) Os imigrantes ilegais são aqueles que entram nos Estados Unidos sem a documentação exigida para que possam viver e trabalhar no país.

c) Nos últimos anos, o governo dos Estados Unidos flexibilizou as leis de imigração e passou a exigir menos documentos para a entrada de estrangeiros no país.

d) Muitos dos imigrantes que chegam aos Estados Unidos sofrem discriminação e realizam trabalhos menos remunerados.

9. Interprete o gráfico a seguir e responda às perguntas.

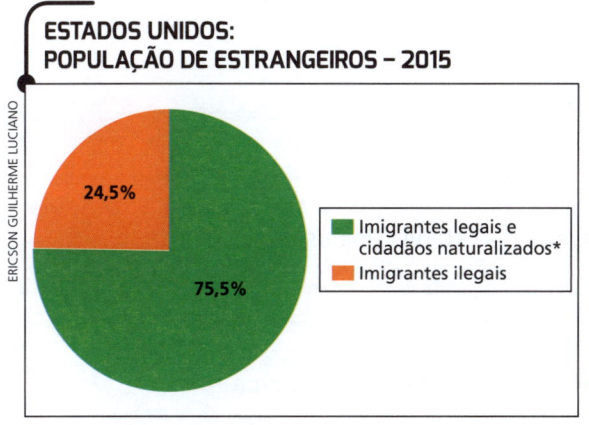

* Cidadão naturalizado é nome dado ao cidadão estrangeiro que renuncia à condição de cidadão de seu país e adota a nacionalidade de outro país.

Fonte: PEW RESEARCH CENTER HISPANIC TRENDS. *Facts on U. S. immigrants,* 2015. 3 maio 2017. Disponível em: <http://www.pewhispanic.org/2017/05/03/facts-on-u-s-immigrants/>. Acesso em: 10 ago. 2018.

a) Em 2015, entre os imigrantes que residiam nos Estados Unidos, qual era a porcentagem de pessoas em situação ilegal?

b) E qual era a porcentagem de imigrantes em situação legal e de estrangeiros naturalizados?

10. Analise o gráfico e observe a foto. Em seguida, responda às questões.

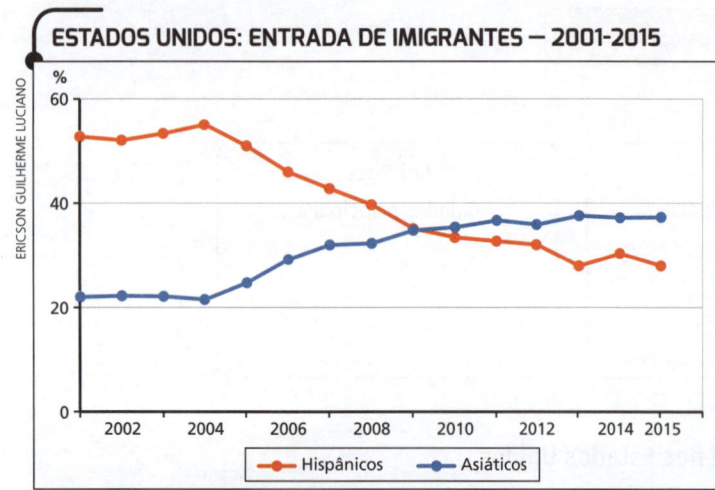

Fonte: PEW RESEARCH CENTER HISPANIC TRENDS. *Facts on U. S. immigrants*, 2015. 3 maio 2017. Disponível em: <http://www.pewhispanic.org/2017/05/03/facts-on-u-s-immigrants/#fb-key-charts-arrivals/>. Acesso em: 23 de ago. 2018.

O presidente estadunidense Donald Trump deseja construir mais de 2.000 km de muro, ampliando o que hoje tem 1.100 km, por toda a fronteira entre México e Estados Unidos, como forma de dificultar ainda mais a entrada de imigrantes hispânicos nos Estados Unidos.

a) Comparando a evolução das porcentagens de imigrantes hispânicos e asiáticos nos Estados Unidos entre 2001 e 2015, o que se pode constatar?

b) De onde provém parcela importante dos hispânicos que entram nos Estados Unidos?

c) Além da construção do muro, que outras medidas o governo estadunidense adota com o objetivo de conter a imigração?

d) Por que os Estados Unidos são um país que atrai levas de imigrantes e por que parte da população estadunidense é contra a entrada dessas pessoas no país?

11. Observe a foto e responda às questões a seguir.

a) Qual é o grave problema social estadunidense retratado na foto e que situação histórica a imagem representa?

_____
_____
_____
_____
_____

Entradas separadas para banheiro no estado do Mississipi (Estados Unidos, 1962). Na placa à esquerda, lê-se "Brancos / Mulheres" e, à direita, "Brancos / Homens".

b) Quais eram as condições de vida dos afrodescendentes nos Estados Unidos até meados do século XX?

_____
_____
_____

c) Como é a situação atual da população afrodescendente nos Estados Unidos?

_____
_____

12. Complete o esquema sobre ações estratégicas tomadas pelos Estados Unidos para exercer e manter sua influência no mundo.

- Acordos bilaterais, regionais e multilaterais para _____
- Investimento no setor de defesa e na _____.
- Difusão de _____.
- Implantação de empresas _____ em outros países.
- Investimentos no setor industrial e na _____ para a manutenção de sua liderança mundial.

Estados Unidos: influência mundial

13. Interprete o mapa e responda às questões a seguir.

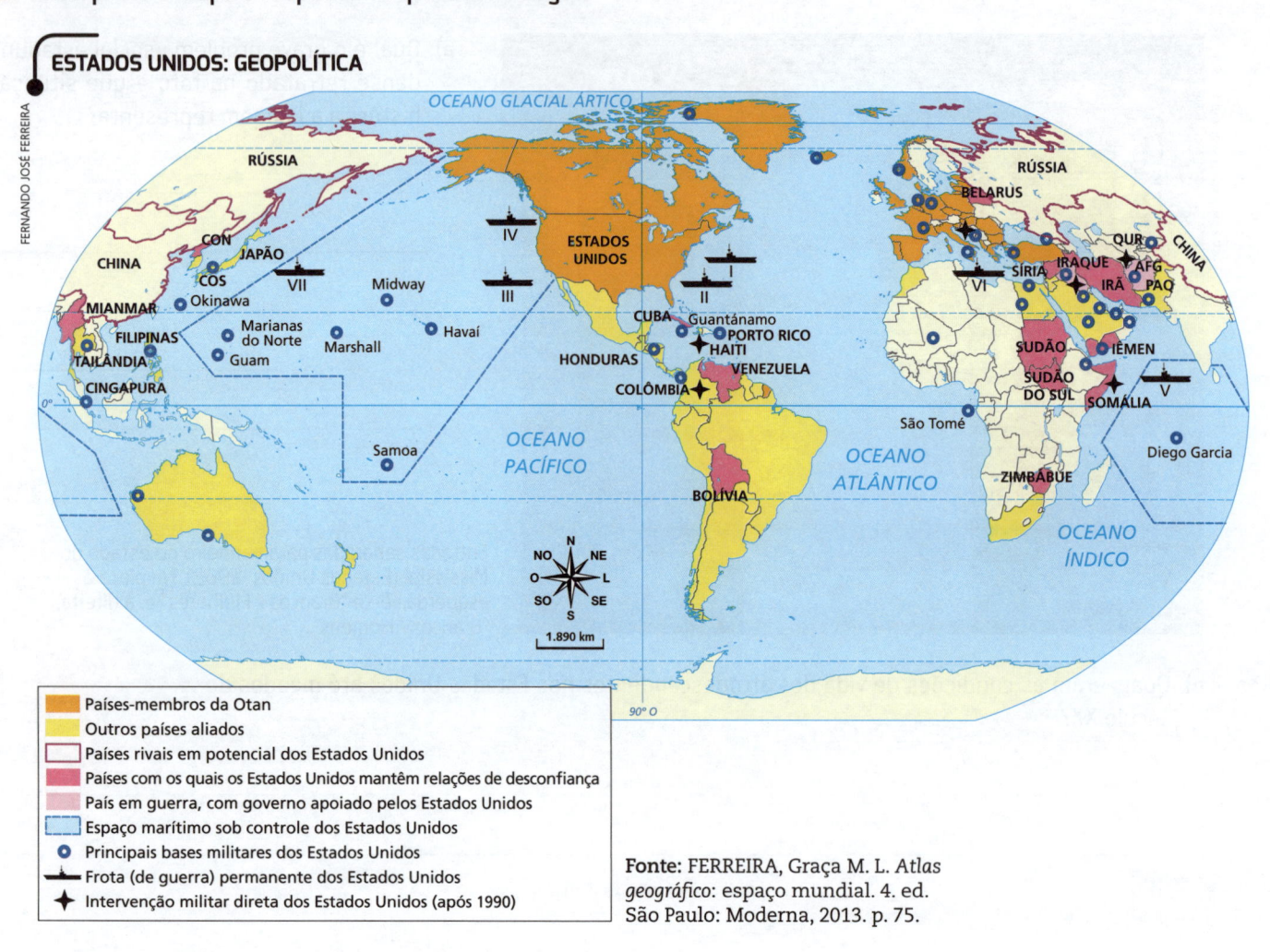

ESTADOS UNIDOS: GEOPOLÍTICA

- Países-membros da Otan
- Outros países aliados
- Países rivais em potencial dos Estados Unidos
- Países com os quais os Estados Unidos mantêm relações de desconfiança
- País em guerra, com governo apoiado pelos Estados Unidos
- Espaço marítimo sob controle dos Estados Unidos
- Principais bases militares dos Estados Unidos
- Frota (de guerra) permanente dos Estados Unidos
- Intervenção militar direta dos Estados Unidos (após 1990)

Fonte: FERREIRA, Graça M. L. *Atlas geográfico*: espaço mundial. 4. ed. São Paulo: Moderna, 2013. p. 75.

a) O que a frota de guerra permanente e as bases militares dos Estados Unidos no mundo nos indicam sobre o país como potência militar global?

_____

b) Como esse poderio militar está relacionado à geopolítica dos Estados Unidos?

_____

14. Utilize as palavras e os termos do quadro abaixo para completar as lacunas do texto sobre as relações comerciais entre Estados Unidos e China a partir da década de 1980.

taxas mais baixas	transferência de tecnologia	China
empresas	mão de obra barata	desenvolvimento lucros

A partir da década de 1980, as _____ estadunidenses instalaram-se na _____ em busca de _____ e _____ cobradas pelo governo daquele país, para baratear os custos de produção industriais e, assim, elevar seus _____. A China, por sua vez, exigia _____ estadunidense para suas empresas, visando ao _____ das companhias chinesas para que elas pudessem atuar no exterior.

15. O Acordo de Livre Comércio da América do Norte (Nafta) foi criado em 1994. Sobre o Nafta, responda às questões abaixo.

a) Quais são os países que fazem parte desse acordo?

_____
_____

b) Quais são os principais objetivos desse acordo?

_____
_____

c) Por que o acordo não permite a livre circulação de pessoas entre os países-membros?

_____
_____

16. Marque (V) para as afirmativas verdadeiras e (F) para as afirmativas falsas.

( ) A população canadense se distribui de maneira irregular no território, e as áreas mais densamente povoadas estão na região dos Grandes Lagos e do Vale do Rio São Lourenço.

( ) O sul do Canadá apresenta densidade demográfica mais elevada devido, entre outros motivos, às condições climáticas mais amenas nessa região.

( ) As maiores cidades canadenses localizam-se ao norte do país.

( ) O baixo crescimento demográfico e a escassez de mão de obra no Canadá impulsionaram diferentes campanhas de incentivo à entrada de imigrantes no país.

( ) Atualmente, o Canadá possui políticas migratórias restritivas com o objetivo de reduzir a entrada de imigrantes de qualquer nacionalidade e qualificação.

17. Leia o texto a seguir e responda às questões.

Durante séculos, os inuítes sempre foram chamados de "esquimós" por aqueles que não são inuítes. Os inuítes não mais consideram este termo aceitável. Preferem o nome pelo qual eles próprios sempre se identificaram, inuíte, que significa "povo" em seu próprio idioma, o *inuktitut*. [...]

Os inuítes habitam vastas áreas em Nunavut, nos territórios do noroeste, na costa norte de Labrador e em aproximadamente 25% do norte de Quebec. Tradicionalmente, eles habitavam acima da área arborizada na região onde se encontra a fronteira com o Alasca, no oeste, a costa de Labrador à leste, a ponta sul da Baía de Hudson ao sul e as ilhas do alto Ártico ao norte. [...]

A cultura inuíte foi exposta a muitas influências externas durante o último século. Entretanto, os inuítes conseguiram reter seus valores e cultura. O inuktitut ainda é falado em todas as comunidades inuítes. Ele é também o principal idioma utilizado em programas de rádio e televisão originados no norte canadense, e faz parte do currículo escolar.

GOVERNO DO CANADÁ. *Os inuítes*. Disponível em: <http://www.canadainternational.gc.ca/brazil-bresil/about_a-propos/inuit.aspx?lang=por>. Acesso em: 23 ago. 2018.

a) Por que os inuítes não querem ser chamados de esquimós?

_____

_____

b) Segundo o texto, que região canadense é habitada pelos inuítes?

_____

_____

c) De acordo com seus conhecimentos, essa região é muito ou pouco povoada? Por quê?

_____

_____

18. Escolha as palavras e termos do quadro abaixo que completam corretamente as lacunas do texto a seguir.

automobilísticas e alimentícias	vale do Rio São Lourenço	investimentos	intensiva	mexicana
modernas e de alta tecnologia	estadunidense	extensiva	artesanais	produtiva

A economia canadense é bastante atrelada à economia _____,

com uma indústria que recebeu grandes _____ dos Estados Unidos e

é complementar à indústria do país vizinho. A região mais industrializada do Canadá está localizada

no _____, próximo à fronteira com os Estados Unidos.

Nessa região são encontradas indústrias _____.

No Canadá, a agricultura é _____, sendo o país grande produtor

de grãos.

19. Complete o esquema que explica o baixo crescimento vegetativo da população do Canadá.

_____		_____		
_____	E	_____	⇨	Baixo crescimento vegetativo

20. Observe a foto e, utilizando seus conhecimentos, responda às questões a seguir.

Estoque de madeira na Columbia Britânica, província do Canadá, em 2015.

a) Qual é a atividade econômica retratada na foto e qual é a relevância dessa atividade na economia do Canadá?

_____
_____
_____

b) Historicamente, qual formação vegetal do Canadá foi explorada para essa atividade econômica?

_____
_____

c) Como essa atividade econômica é realizada atualmente no país?

_____
_____
_____

UNIDADE 5 MÉXICO E AMÉRICA CENTRAL

RECAPITULANDO

- Cerca de 75% da população mexicana vive no Planalto do México; as áreas de maior altitude e os desertos possuem baixa densidade demográfica.
- Embora o México apresente um IDH considerado elevado, as taxas de analfabetismo e de mortalidade infantil no país são altas.
- Entre as décadas de 1980 e 1990, a taxa de migração do México para os Estados Unidos teve crescimento elevado. Nos últimos anos, o fluxo de migrantes do México para os Estados Unidos começou a desacelerar devido ao crescimento econômico ocorrido no país e a uma crise econômica estadunidense.
- A economia mexicana está fortemente ligada à dos Estados Unidos.
- No México, a industrialização se intensificou a partir da segunda metade do século XX devido a investimentos externos, sobretudo de transnacionais estadunidenses. Nesse sentido, destacam-se as indústrias *maquiladoras*, que se concentram ao longo da fronteira entre os dois países.
- O México é um grande produtor mundial de petróleo.
- A agropecuária está concentrada no Planalto do México, onde as temperaturas são amenas, as chuvas regulares e os solos férteis.
- A maior parte da agricultura mexicana é praticada em extensas propriedades (*haciendas*) com intenso uso de mão de obra e baixa mecanização; a produção destina-se ao mercado externo e interno. Na pecuária, predomina a criação de gado bovino.
- O turismo é uma das principais fontes de receita do México.
- A América Central continental corresponde a uma estreita faixa de terra que liga a América do Norte à América do Sul.
- Na América Central continental predomina o clima tropical, com variações em virtude da altitude dos terrenos. Na região há grande ocorrência de furacões.
- A população total da América Central continental é de aproximadamente 45 milhões de habitantes, e a maior parte da população se concentra na costa do Pacífico.
- Na América Central continental os índices socioeconômicos são baixos.
- As principais atividades econômicas da América Central estão relacionadas ao cultivo de produtos tropicais para exportação. O turismo também é uma importante fonte de receita.
- A América Central insular localiza-se no Mar do Caribe (ou Mar das Antilhas) e é formada por um conjunto de ilhas agrupadas em: Grandes Antilhas, Pequenas Antilhas e Bahamas.
- O clima tropical predomina na América Central insular, com grande ocorrência de furacões. A região também é sujeita à atividade de vulcões e a terremotos.
- A América Central insular é formada por países independentes e territórios ultramarinos de países europeus e dos Estados Unidos.
- A principal atividade econômica da América Central insular é a agricultura voltada para a exportação. Em muitos países, o turismo é a principal fonte de receita.

1. Interprete o gráfico abaixo e depois responda às questões.

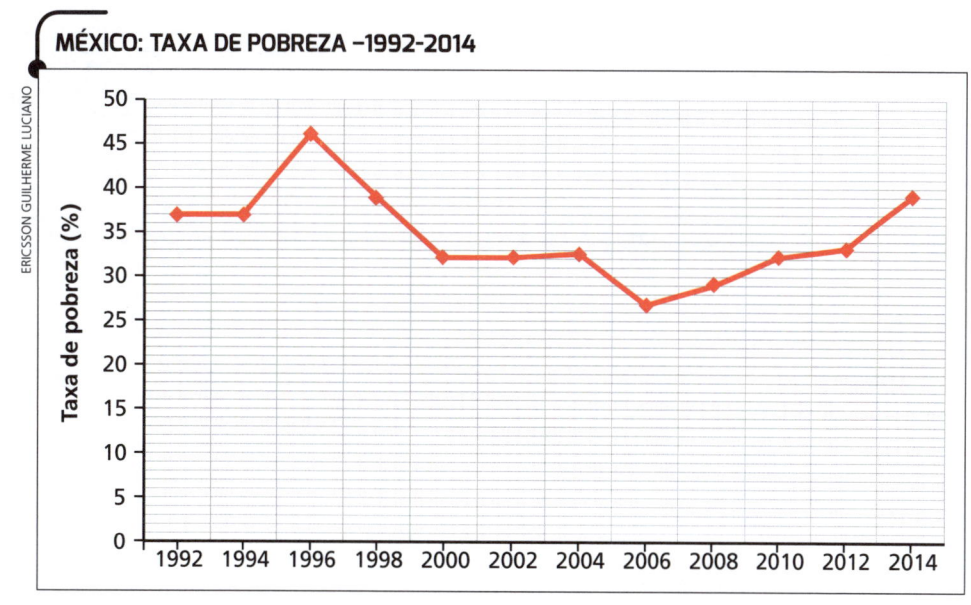

MÉXICO: TAXA DE POBREZA –1992-2014

[Gráfico de linha mostrando a taxa de pobreza (%) no México de 1992 a 2014. Valores aproximados: 1992: 37; 1994: 37; 1996: 46; 1998: 39; 2000: 32; 2002: 32; 2004: 32,5; 2006: 26,5; 2008: 29; 2010: 32; 2012: 33; 2014: 39.]

ERICSSON GUILHERME LUCIANO

Fonte: CEPALSTAT. México: perfil nacional sociodemográfico. Disponível em: <http://estadisticas.cepal.org/cepalstat/Perfil_Nacional_Social.html?pais=MEX&idioma=spanish>. Acesso em: 13 ago. 2018.

a) Analise as informações representadas no gráfico.

_____
_____
_____

b) Que outros indicadores socieconômicos também podem ser utilizados para a análise das condições de vida da população de um país?

_____
_____

c) De maneira geral, no México, os estados em que as condições de vida da população são melhores estão na região norte ou sul do país?

_____

2. Assinale a afirmativa incorreta e reescreva-a, corrigindo o erro.

a) Em busca de melhores condições de vida, muitos mexicanos migraram para os Estados Unidos entre 1980 e 1990.

b) Há mexicanos que chegam aos Estados Unidos com a documentação de imigração necessária e outros que chegam ao país sem essa documentação.

c) A entrada de imigrantes mexicanos nos Estados Unidos apresentou crescimento acelerado nos últimos anos.

d) Os Estados Unidos têm aumentado o controle de imigração na fronteira com o México.

_____
_____

3. Explique a desaceleração do fluxo migratório do México para os Estados Unidos.

_____
_____
_____
_____
_____
_____
_____
_____

4. Complete a ficha abaixo sobre as indústrias *maquiladoras* mexicanas.

Maquiladoras mexicanas

Localização: _____

_____

Principais tipos de produtos que fabricam: _____

_____

---

5. Complete o esquema a seguir sobre a relação entre as indústrias *maquiladoras* mexicanas e as transnacionais estadunidenses.

No México
Indústrias *maquiladoras* mexicanas recebem _____ de empresas estadunidenses e finalizam a montagem. No México, a mão de obra é mais _____ .

Nos Estados Unidos
Transnacionais estadunidenses recebem o _____ final, pronto para a _____ .

44

6. Ordene as frases a seguir para indicar a sequência dos processos que marcaram a industrialização mexicana a partir da segunda metade do século XX.

( ) Surgimento do modelo das indústrias *maquiladoras*: as unidades fabris mexicanas passam a receber peças fabricadas nos Estados Unidos e a finalizar a montagem do produto.

( ) Na década de 1960, ocorreu a criação de uma zona franca na região próxima à fronteira com os Estados Unidos, na qual os impostos eram mais baixos, havia facilidades para exportação para os Estados Unidos e a mão de obra era mais barata.

( ) Na atualidade, muda o perfil das *maquiladoras*, que passam a incorporar novas tecnologias e mão de obra especializada.

7. Caracterize o comércio exterior mexicano em relação aos Estados Unidos.

___
___
___

8. Observe a foto e responda às questões a seguir.

Plataforma de exploração de petróleo no Golfo do México (México, 2015).

a) Que atividade econômica a foto retrata?

___

b) Qual é a importância dessa atividade econômica para as exportações mexicanas?

___
___

c) Qual é a especificidade do petróleo mexicano e como isso afeta o preço desse produto?

___
___

9. Complete o esquema com informações sobre a atividade agrícola no México.

México: agricultura

Principais características:

_____
_____
_____

Principais produtos:

_____
_____
_____

10. Responda às questões.

a) O que caracteriza a localização do território da América Central continental?
_____
_____

b) Como são as condições de vida da maior parte da população dos países da América Central continental?
_____
_____
_____

c) Quais são os países dessa região com os indicadores sociais mais baixos?
_____
_____

11. Observe a imagem abaixo e responda às questões a seguir.

Propaganda elaborada pelo governo mexicano para divulgação do turismo no país. No cartaz, lê-se: "Até onde você vai? México: um mundo como nenhum outro".

a) Por que o governo mexicano investe na elaboração de cartazes e outros materiais de propaganda turística sobre o país?

___

b) Que atrativos turísticos essa propaganda divulga?

___

c) Qual importante atrativo turístico do México não foi divulgado nesse cartaz?

___

12. Leia e interprete o mapa abaixo e, com base em seus conhecimentos, complete o esquema a seguir com características da distribuição da população na América Central continental.

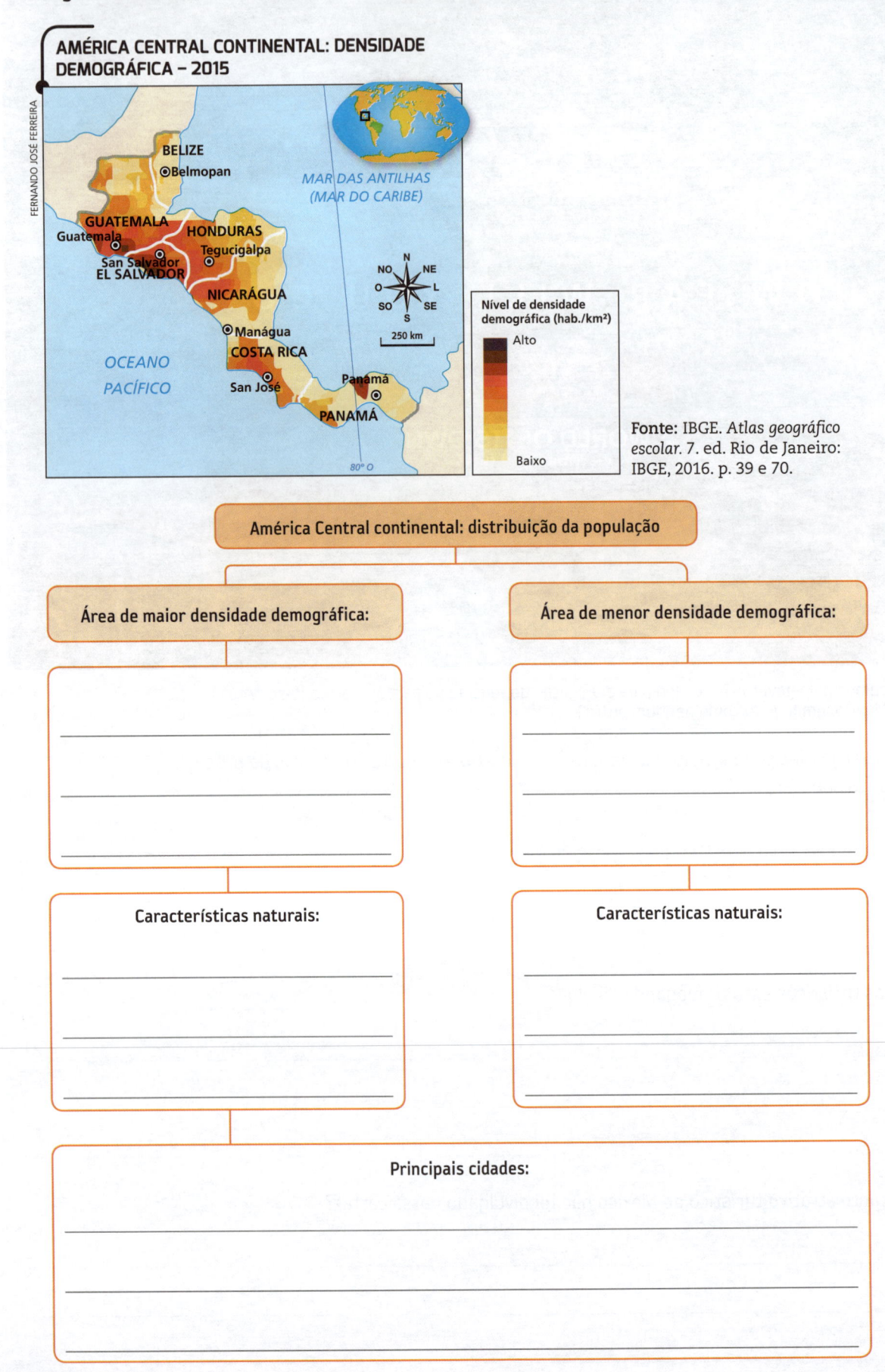

AMÉRICA CENTRAL CONTINENTAL: DENSIDADE DEMOGRÁFICA – 2015

Fonte: IBGE. Atlas geográfico escolar. 7. ed. Rio de Janeiro: IBGE, 2016. p. 39 e 70.

América Central continental: distribuição da população

Área de maior densidade demográfica:

_____
_____
_____

Área de menor densidade demográfica:

_____
_____
_____

Características naturais:

_____
_____
_____

Características naturais:

_____
_____
_____

Principais cidades:

_____
_____
_____

13. Descreva as características e comente a importância de cada atividade econômica na América Central continental.

América Central continental	
Atividade econômica	Principais características
Agricultura	
Indústria	
Extrativismo	
Turismo	

14. Leia as frases abaixo e escreva V para as afirmativas verdadeiras e F para as falsas. Reescreva em seguida a(s) frase(s) falsa(s), corrigindo o erro.

( ) Por muitos anos, a União Soviética foi o destino principal da cana-de-açúcar produzida em Cuba.

( ) Mesmo com a implantação do regime socialista, os Estados Unidos mantiveram as relações comerciais com Cuba.

( ) Atualmente, a cana-de-açúcar deixou de ser produzida em Cuba e sua produção agrícola se restringe ao tabaco.

( ) Cuba é responsável pela maior parte da produção de cana-de-açúcar do Caribe.

15. Observe o mapa e depois faça o que se pede.

AMÉRICA: CANAL DO PANAMÁ E ESTREITO DE MAGALHÃES

Fonte: FERREIRA, Graça Maria Lemos. Atlas geográfico: espaço mundial. 4. ed. São Paulo: Moderna, 2013. p. 65.

a) Identifique no mapa com a letra **A** o local por onde era feita a travessia marítima entre os oceanos Atlântico e Pacífico antes de 1914. Identifique com a letra **B** o local por onde essa travessia passou a ser feita após 1914.

b) Que país foi responsável pela construção do Canal do Panamá?

_____

c) Que país passou a administrar o Canal do Panamá a partir de 1999?

_____

d) Qual é a importância do Canal do Panamá para o comércio marítimo mundial?

_____
_____
_____

16. A América Central é uma região com elevada ocorrência de furacões. Leia o texto e responda às questões.

> **O furacão Irma**
>
> Em setembro de 2017, o furacão Irma atingiu países da América Central e chegou até o sul dos Estados Unidos, provocando inúmeros estragos.
>
> Os locais mais afetados pela passagem desse furacão foram as ilhas de Antígua e Barbuda e outras ilhas das Pequenas Antilhas; Porto Rico, República Dominicana, Haiti e Cuba (nas Grandes Antilhas), Bahamas e estados do sul dos Estados Unidos.
>
> Vista de bairro da cidade de Codrington após a passagem do furacão Irma por Antígua e Barbuda, em setembro de 2017.

a) Pelo que se pode observar na foto, o que o furacão Irma destruiu nessa parte da cidade de Codrington?

_____

_____

b) Quais podem ter sido as consequências da passagem desse furacão para os habitantes das áreas afetadas? E quais foram, provavelmente, as consequências para a economia dos países?

_____

_____

_____

c) Quando se inicia o período de maior ocorrência de furacões na América Central?

_____

17. Relacione as atividades econômicas da América Central insular com suas principais características.

(A) Agricultura.　　(   ) Importante fonte de receita para muitos países.

(B) Indústria.　　(   ) Principal atividade econômica, com produção voltada para a exportação.

(C) Turismo.　　(   ) Setor pouco desenvolvido: restringe-se ao beneficiamento de matérias-primas agrícolas e à confecção de roupas.

UNIDADE 6 AMÉRICA DO SUL

> **RECAPITULANDO**
>
> - A população da América do Sul distribui-se de maneira irregular por seu território; algumas áreas são muito pouco povoadas, como a região amazônica (norte da América do Sul), a de desertos (Chile) e a Patagônia (Argentina e Chile).
>
> - A base da economia da maior parte dos países sul-americanos é a exportação de *commodities* dos setores agrícola e de extração mineral, característica relacionada ao processo de colonização. Os países mais industrializados são Brasil e Argentina.
>
> - O tipo de colonização contribuiu para a concentração fundiária e a existência de grandes desigualdades sociais, tanto entre os países quanto na população de cada país da América do Sul.
>
> - Em geral, no espaço rural sul-americano, a concentração de terras e a precária infraestrutura de serviços públicos contribuem para a manutenção das desigualdades sociais; no espaço urbano, a precariedade das condições de vida de grande parte da população é decorrente da falta de planejamento urbano.
>
> - A abundância de recursos hídricos favoreceu a construção de hidrelétricas e o desenvolvimento da atividade pesqueira em diversos países sul-americanos.
>
> - Com relação à extração mineral, Venezuela e Brasil são os países sul-americanos que possuem as maiores reservas de petróleo, e Venezuela, Bolívia e Argentina destacam-se na produção de gás natural.
>
> - Com territórios pretendidos por Chile e Argentina, a Antártida é um espaço de projeção política da América do Sul.
>
> - Atualmente, a Antártida abriga bases de pesquisas científicas de 30 países, e o uso do continente para fins militares é proibido. A Antártida também não pode ser explorada para fins comerciais, mas os depósitos de carvão, petróleo e manganês atraem a atenção dos países.
>
> - A integração dos países da América Latina começou a ser proposta no século XIX e, desde a década de 1960, foram feitos vários acordos de integração entre os países da região.
>
> - O principal bloco em atuação na região é o Mercado Comum do Sul (Mercosul), assinado em 1991 por Paraguai, Uruguai, Brasil e Argentina. Em 2012, a Venezuela começou a integrar o bloco, mas, em 2016, foi suspensa por não cumprir a Cláusula Democrática do bloco.
>
> - Na América do Sul, existem outros blocos com diferentes objetivos e países-membros, como a Comunidade Andina de Nações (CAN), a Associação Latino-Americana de Integração (Aladi), a Aliança Bolivariana para os Povos da Nossa América (Alba) e a União de Nações Sul-Americanas (Unasul).
>
> - Nas últimas décadas, o Brasil consolidou sua importância econômica regional.
>
> - O Brasil é membro da ONU desde 1945, participando e sediando conferências e colaborando em missões de paz em diferentes países. Assim como os outros países da América do Sul, também faz parte da Organização Mundial do Comércio (OMC).

1. Ligue cada região da América do Sul às características naturais que fazem com que cada uma seja pouco povoada.

Deserto do Atacama.	Ocorrência de climas desértico e semiárido, com baixas temperaturas.
Amazônia.	Extensas áreas recobertas por vegetação densa.
Patagônia.	Área desértica com clima extremamente seco.

2. Complete os quadros explicando o que são *commodities* e identificando as principais *commodities* dos países da América do Sul.

O que são *commodities*:
_____
_____

Principais *commodities* provenientes da agricultura	
País	Produtos
Colômbia	
Argentina	
Equador	
Brasil	
Uruguai	

Principais *commodities* provenientes da extração mineral	
País	Produtos
Venezuela	
Bolívia	
Equador	
Colômbia	
Peru	
Chile	
Brasil	

O Brasil é o maior produtor e exportador mundial de café, importante *commodity* no mundo atual.

3. Indique algumas características socioeconômicas da América do Sul atual que são fruto do processo de colonização.

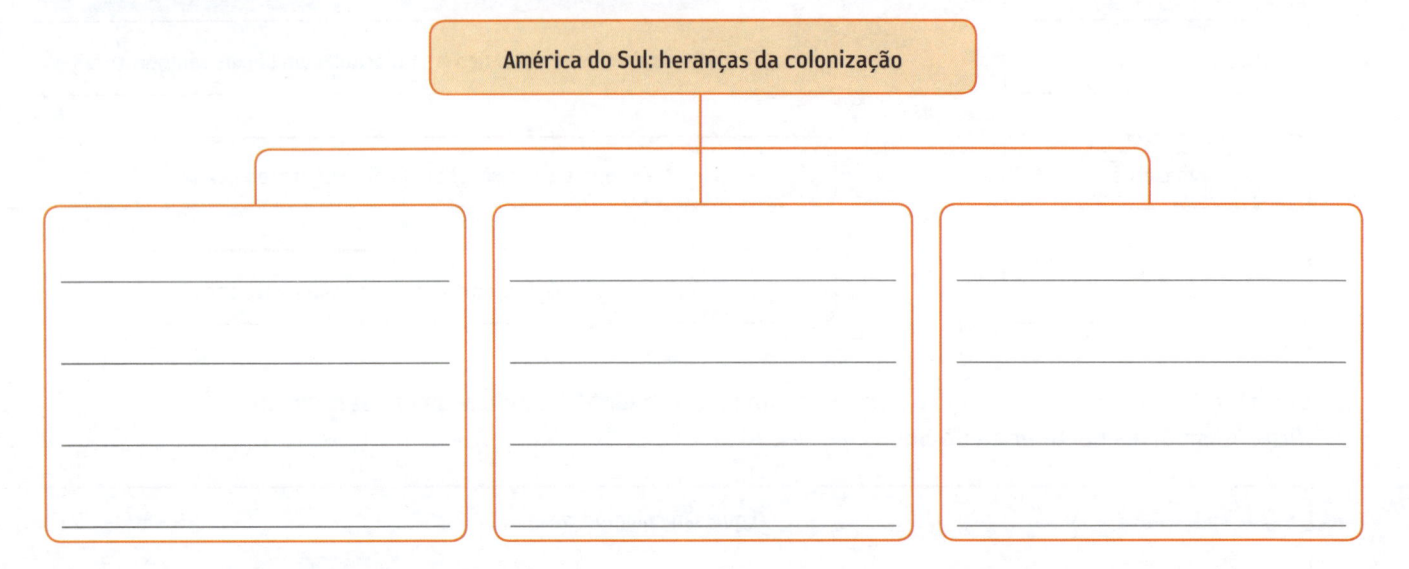

América do Sul: heranças da colonização

_____ _____ _____
_____ _____ _____
_____ _____ _____
_____ _____ _____

4. Observe a foto abaixo e faça o que se pede.

Favela na periferia de Lima (capital do Peru), um dos bairros da cidade que mais recebem migrantes da zona rural. Foto de 2016.

a) Descreva a ocupação urbana observada nessa foto de um bairro da periferia de Lima.

_____
_____

b) Explique o que é o processo de favelização e quais são suas principais características.

_____
_____

5. Leia o texto abaixo e depois faça o que se pede.

O movimento social *Ni una menos* (Nenhuma a menos) se originou na Argentina em 2015 e promoveu grandes mobilizações contra a violência sofrida pelas mulheres.

Depois das primeiras manifestações em Buenos Aires e diversas cidades argentinas, o movimento se espalhou por outros países da América do Sul, como Uruguai, Chile, Brasil, Peru e México. Desde então, muitas manifestações foram realizadas e o movimento incorporou outras reivindicações, como a demanda por igualdade de gênero no trabalho.

a) Qual foi a principal reivindicação do movimento social *Ni una menos* quando ele surgiu?

_____
_____
_____

b) O que são movimentos sociais?

_____
_____
_____
_____

c) Cite um exemplo de outro movimento social da América do Sul e explique quais são seus objetivos.

_____
_____
_____
_____
_____
_____

6. Quais são os principais países produtores de energias renováveis na América do Sul e os tipos de energia produzidos por eles?

_____
_____

7. A Antártida é um continente onde só são permitidas atividades de pesquisa científica pelos países, e seu território não pode ser explorado comercialmente ou utilizado para fins militares. Diversos países do mundo, no entanto, demonstram interesse em explorar os recursos naturais desse continente. Que recursos são esses?

_____
_____

8. Leia e interprete o gráfico abaixo e depois responda às questões.

MUNDO: MAIORES PRODUTORES DE COBRE – 2016

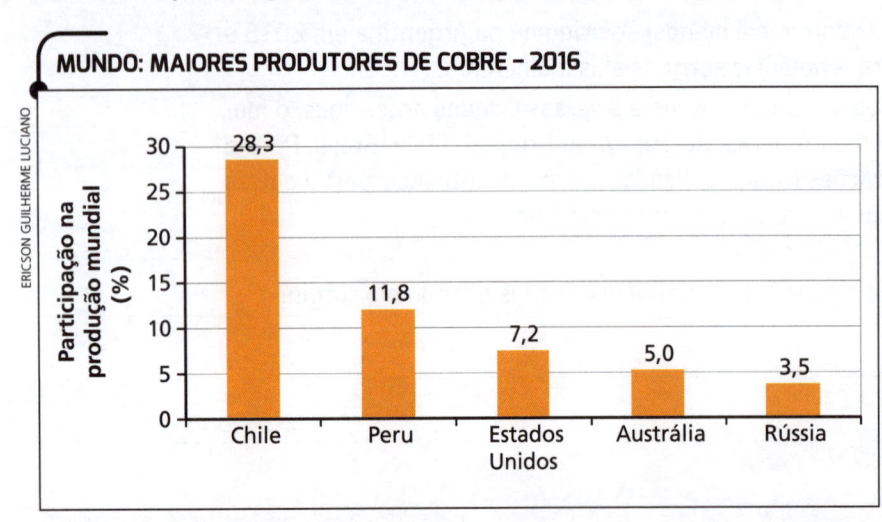

País	Participação na produção mundial (%)
Chile	28,3
Peru	11,8
Estados Unidos	7,2
Austrália	5,0
Rússia	3,5

Fontes: COCHILCO. Ministerio. *Anuario de estadísticas del cobre y otros minerales 1997-2016*. Disponível em: <https://www.cochilco.cl/Lists/Anuario/Attachments/17/Anuario-%20 avance7-10-7-17.pdf>; ICSG. *The world copper factbook 2017*. Disponível em: <http://www.icsg.org/index.php/component/jdownloads/finish/170/2462>; GEOLOGICAL SURVEY. *Mineral commodity summaries 2017*. Disponível em: <https://minerals.usgs.gov/minerals/pubs/ mcs/2017/mcs2017.pdf>. Acessos em: 8 maio 2018.

a) Que país é responsável por quase um terço da produção mundial de cobre?

_____

b) Que outro país da América do Sul está entre os maiores produtores mundiais desse minério?

_____

c) Quais são os recursos minerais explorados no Brasil mais importantes para sua economia?

_____
_____

9. Complete o esquema abaixo com informações sobre o Mercosul.

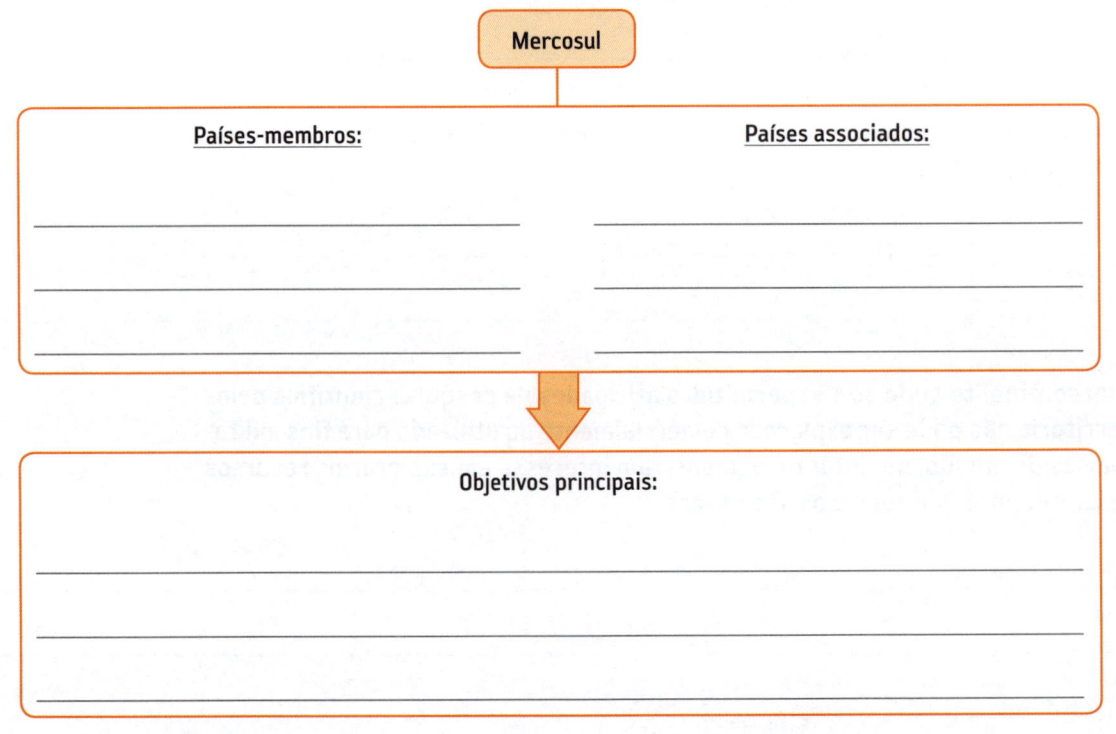

Mercosul

Países-membros:
_____
_____
_____

Países associados:
_____
_____
_____

Objetivos principais:
_____
_____
_____

10. Sistema de Tratados Antárticos é o nome dado ao conjunto de acordos internacionais sobre a Antártida. Complete os quadros a seguir com as normas definidas por cada acordo citado.

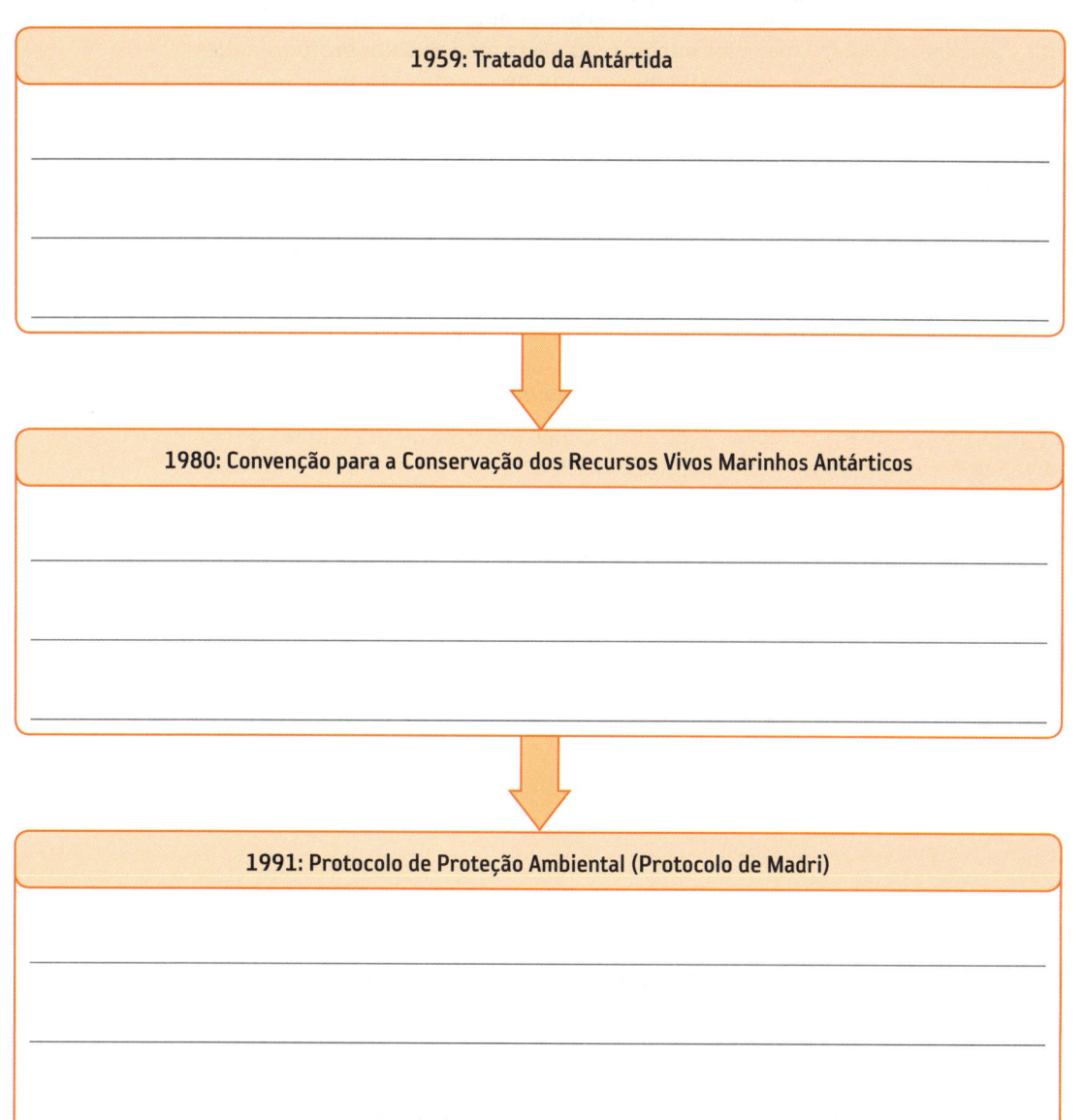

1959: Tratado da Antártida

⬇

1980: Convenção para a Conservação dos Recursos Vivos Marinhos Antárticos

⬇

1991: Protocolo de Proteção Ambiental (Protocolo de Madri)

11. Assinale a alternativa que reúne corretamente os acordos previstos para os países-membros do Tratado de Assunção, que deu início ao Mercosul.

I. Integração política.

II. Trocas comerciais entre os países-membros.

III. Integração cultural.

IV. Livre circulação de pessoas.

a) Apenas I e III.

b) Apenas II e IV.

c) Apenas II e III.

d) Apenas I, II e III.

e) I, II, III e IV.

12. Leia o texto a seguir sobre a camada pré-sal no Brasil e responda às questões.

A chamada camada pré-sal é uma faixa que se estende ao longo de 800 quilômetros entre os estados do Espírito Santo e Santa Catarina, abaixo do leito do mar, e engloba três bacias sedimentares (Espírito Santo, Campos e Santos). O petróleo encontrado nesta área está em profundidades que superam os 7 mil metros, abaixo de uma extensa camada de sal que, segundo geólogos, conservam a qualidade do petróleo [...]

Vários campos e poços de petróleo já foram descobertos no pré-sal, entre eles o de Tupi, o principal. Há também os nomeados Guará, Bem-Te-Vi, Carioca, Júpiter e Iara, entre outros. [...]

Tupi tem uma reserva estimada pela Petrobras entre 5 bilhões e 8 bilhões de barris de petróleo, sendo considerado uma das maiores descobertas do mundo dos últimos sete anos. [...]

Para termos de comparação, as reservas provadas de petróleo e gás natural da Petrobras no Brasil ficaram em 14,865 bilhões (barris de óleo equivalente) em 2009, segundo o critério adotado pela ANP (Agência Nacional do Petróleo). Ou seja, se a nova estimativa estiver correta, Tupi tem potencial para até dobrar o volume de óleo e gás que poderá ser extraído do subsolo brasileiro.

Estimativas apontam que a camada, no total, pode abrigar algo próximo de 100 bilhões de boe (barris de óleo equivalente) em reservas, o que colocaria o Brasil entre os dez maiores produtores do mundo.

Entenda o que é a camada pré-sal. *Folha de S.Paulo*, 31 ago. 2009.
Disponível em: <https://www1.folha.uol.com.br/mercado/748802-entenda-o-que-e-a-camada-pre-sal.shtml?loggedpaywall>. Acesso em: 17 ago. 2018.

a) Segundo o texto, onde se forma a camada pré-sal?

_____
_____
_____
_____

b) Além do petróleo, que outro recurso mineral pode ser extraído da camada pré-sal?

_____

c) Tupi foi o nome dado a um dos campos de exploração do petróleo da camada pré-sal. Que importância econômica para o Brasil a camada pré-sal pode ter caso a expectativa em relação à quantidade de óleo presente nesse campo seja confirmada?

_____
_____
_____
_____

13. Marque com um X os blocos regionais dos quais o Brasil fazia parte em 2018.

☐ Associação Latino-Americana de Integração (Aladi)

☐ Aliança Bolivariana para os Povos da Nossa América (Alba)

☐ Comunidade Andina de Nações (CAN)

☐ Mercado Comum do Sul (Mercosul)

☐ União de Nações Sul-Americanas (Unasul)

14. Leia o texto abaixo e, com base em seus conhecimentos, responda às questões a seguir.

> A vocação da Unila é de ser uma universidade que contribua para a integração latino-americana, com ênfase no Mercosul, por meio do conhecimento humanístico, científico e tecnológico, e da cooperação solidária entre as instituições de ensino superior, organismos governamentais e internacionais.
> [...]
> Como instituição federal pública brasileira pretende, dentro de sua vocação transnacional, contribuir para o aprofundamento do processo de integração regional, por meio do conhecimento compartilhado, promovendo pesquisas avançadas em rede e a formação de recursos humanos de alto nível [...].
>
> UNILA. A vocação da UNILA. Disponível em: <https://unila.edu.br/conteudo/voca%C3%A7%C3%A3o-da-unila>. Acesso em: 16 ago. 2018.

a) Segundo o texto, qual é o objetivo da Universidade Federal da Integração Latino-Americana (Unila)?

b) Onde está sediada a Unila e qual é sua relevância para os países do Mercosul?

15. Leia o trecho da notícia e, com base em seus conhecimentos, responda às questões a seguir.

> *Colômbia anuncia que sairá da Unasul três dias após posse de Iván Duque*
>
> *Organização com sede em Quito é formada por 12 países da América do Sul.*
>
> A Colômbia anunciou nesta sexta-feira (10/08/2018) que tomou a "decisão política" de se retirar da União de Nações Sul-Americanas (Unasul). A medida já havia sido anunciada pelo presidente Iván Duque, que tomou posse na última terça-feira.
>
> Colômbia anuncia que sairá da Unasul três dias após posse de Iván Duque. G1, 10 ago. 2018. Disponível em: <https://g1.globo.com/mundo/noticia/2018/08/10/colombia-anuncia-que-saira-da-unasul-tres-dias-apos-posse-de-ivan-duque.ghtml>. Acesso em: 16 ago. 2018.

a) Qual é o principal fato apresentado na notícia?

b) Qual era o objetivo da Unasul quando foi criada em 2008?

c) Em 2018, outros países, incluindo o Brasil, suspenderam suas atividades na Unasul. Qual foi o motivo dessas decisões?

16. Interprete o mapa e marque (V) para as afirmativas verdadeiras e (F) para as afirmativas falsas.

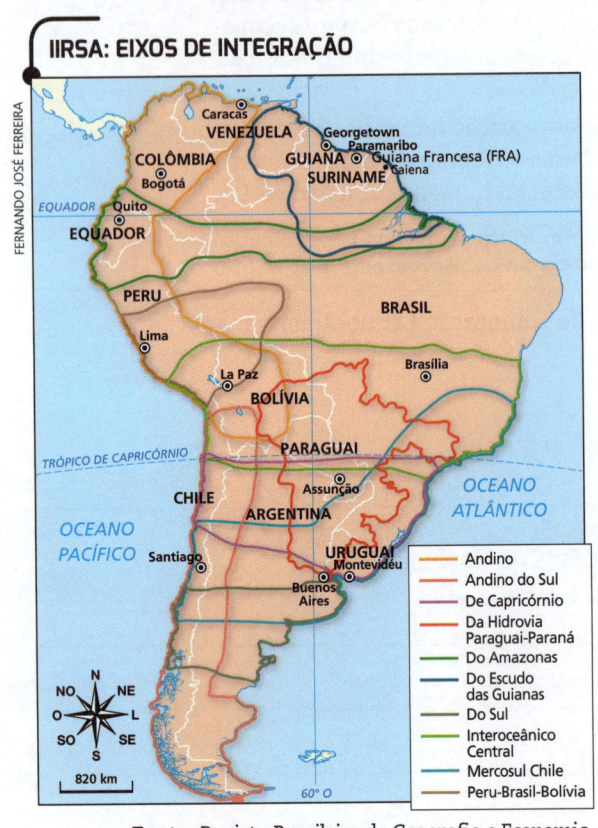

IIRSA: EIXOS DE INTEGRAÇÃO

Fonte: Revista Brasileira de Geografia e Economia. Disponível em: <https://journals.openedition.org/espacoeconomia/423>. Acesso em: 22 maio 2018.

( ) A Iirsa é um programa de integração da América do Sul por meio de transportes, energia e telecomunicações.

( ) Apenas Brasil, Equador, Peru, Bolívia e Chile fazem parte da Iirsa.

( ) A Rodovia Interoceânica liga o Acre ao litoral sul do Peru. Integra o eixo Peru-Brasil-Bolívia.

( ) A Bolívia foi o único país beneficiado pela construção da hidrovia Paraguai-Paraná.

- Reescreva corretamente as afirmativas marcadas como falsas.

_____
_____
_____
_____
_____
_____

17. Complete as lacunas do texto a seguir.

Além da importância regional na América Latina, a economia brasileira pode ser considerada de grande relevância em nível _____.

_____ e _____ foram os países com maior participação nas exportações e importações do Brasil nos últimos anos. Na América do Sul, o principal parceiro comercial do Brasil é a _____, com o qual possui diferentes acordos bilaterais e divide a participação no bloco regional do _____ desde 1991.

18. Caracterize a participação do Brasil na ONU.

_____
_____
_____
_____

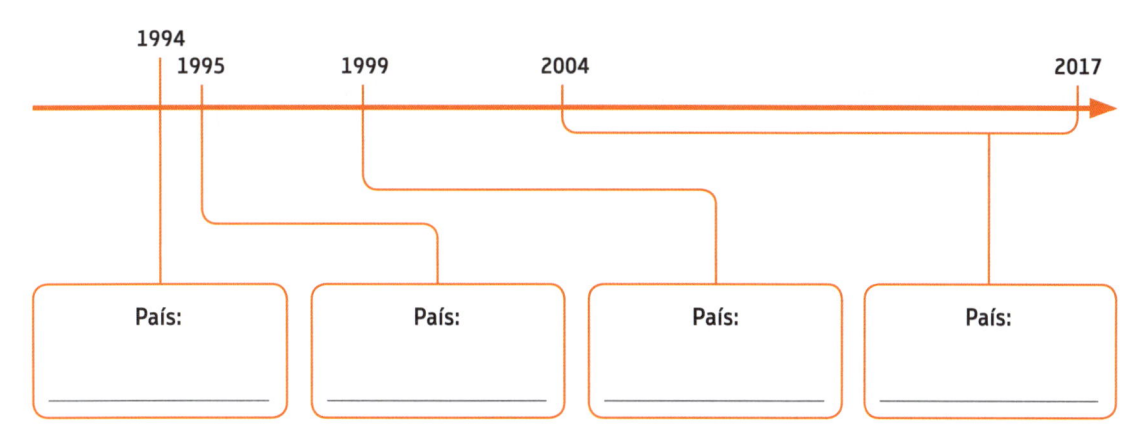

19. Complete a linha do tempo com o nome de cada país para o qual o Brasil enviou tropas para participar de missões de paz realizadas pela ONU. Depois, responda à questão.

ONU: missões de paz brasileiras

1994   1995   1999   2004   2017

País: _____   País: _____   País: _____   País: _____

- Com que objetivo político o Brasil contribui em missões de paz realizadas pela ONU?

_____
_____
_____

20. Complete o esquema sobre a Organização Mundial do Comércio (OMC).

Organização Mundial do Comércio (OMC)

Objetivo:
_____

Reivindicações do Brasil na OMC:
_____
_____
_____
_____
_____

Reclamações contra o Brasil na OMC:
_____
_____
_____
_____
_____

UNIDADE 7 O CONTINENTE AFRICANO

RECAPITULANDO

- O continente africano é o terceiro maior continente do mundo em extensão territorial.
- O relevo africano é constituído principalmente por planaltos antigos e desgastados e por algumas porções mais altas resultantes de processos tectônicos recentes. As planícies são encontradas nas áreas litorâneas e ao longo das margens de rios.
- Os rios africanos nascem nas áreas de maior altitude e são utilizados há milhares de anos para a irrigação (permitindo a prática agrícola), o transporte de pessoas e produtos e a geração de energia elétrica. As duas maiores bacias hidrográficas são a do Rio Congo e a do Rio Nilo.
- No continente africano, os climas predominantes são: equatorial, tropical, desértico e semiárido.
- As formações vegetais estão associadas aos diferentes climas do continente, predominando as florestas tropical e equatorial, as savanas, as estepes, as pradarias e a vegetação de deserto.
- Os principais problemas ambientais do continente africano são o desmatamento, a desertificação e a escassez de água.
- Na Conferência de Berlim (1884-1885), os países europeus estabeleceram os limites de seus territórios na África, não considerando a distribuição das populações nativas. Com isso, grupos nativos rivais ficaram confinados entre as mesmas fronteiras e grupos com semelhanças étnicas e culturais foram separados.
- Do final do século XIX até cerca de 1940, os europeus colonizadores exploraram o território africano, sobretudo, para a extração de minérios e o cultivo de produtos tropicais em grandes propriedades.
- A África apresenta características decorrentes do processo de colonização. Após a independência dos países africanos, a maior parte das fronteiras foi mantida e os conflitos étnicos e as tensões políticas permaneceram.
- A regionalização da África mais utilizada é a que divide o continente em Norte da África (formado por países de maioria árabe e islâmica) e África Subsaariana (formada por países marcados pela exploração colonial recente e pelos problemas políticos e sociais resultantes dessa exploração).
- A regionalização da África proposta pela ONU divide-a em cinco regiões: África Setentrional, África Ocidental, África Central, África Oriental e África Meridional.
- O continente africano é o segundo continente mais populoso, mas a África não é muito povoada: o continente possui extensas regiões com baixa densidade demográfica e algumas com grande concentração populacional.
- Em 2018, cerca de 63% da população africana vivia no campo, mas a porcentagem da população urbana do continente está em ascensão.
- O continente africano possui grande diversidade cultural. Por causa do processo de escravização que levou forçadamente povos africanos às colônias da América, a cultura africana é muito presente nesse continente.
- A maioria dos países africanos apresenta indicadores sociais e econômicos que revelam as precárias condições de vida de seus habitantes em relação a saúde, alimentação, saneamento básico e educação.

1. Complete o esquema.

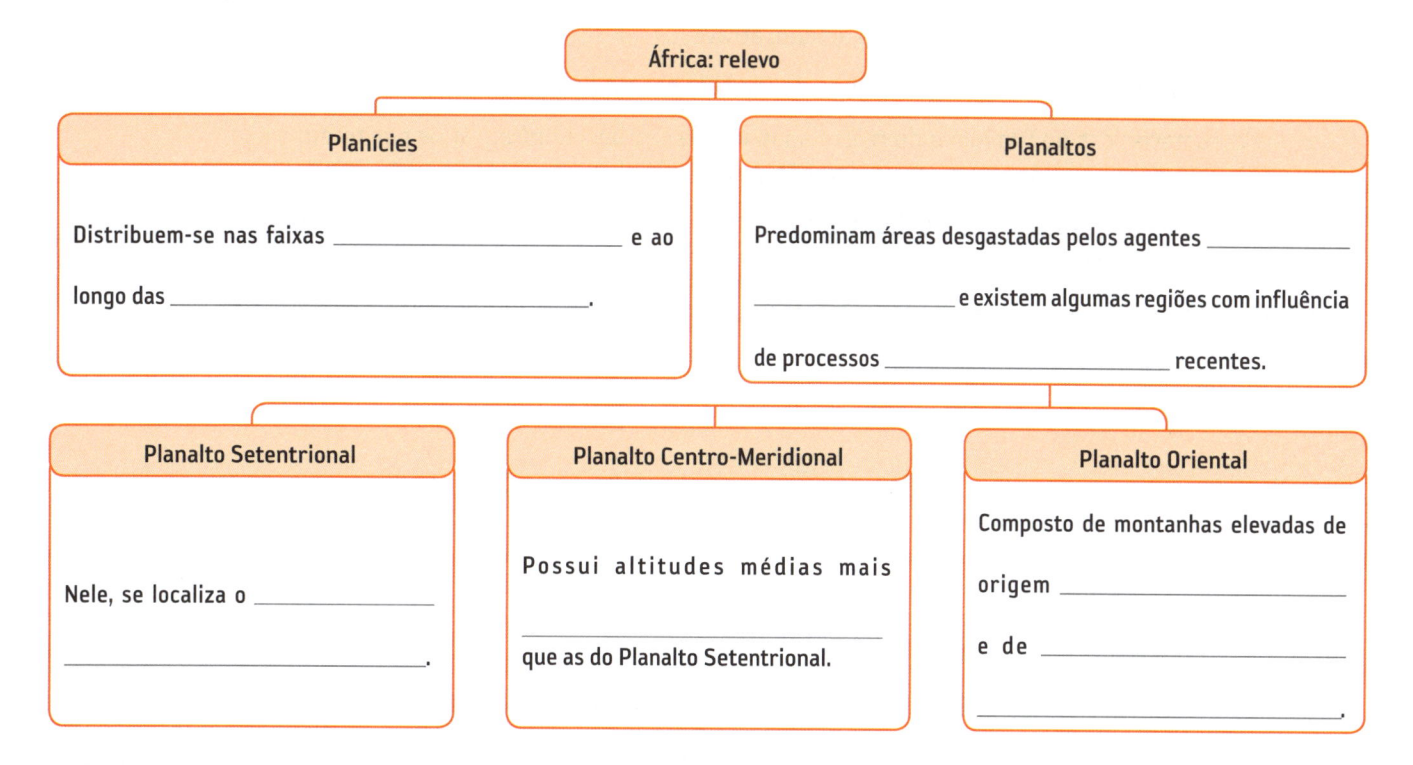

África: relevo

Planícies
Distribuem-se nas faixas _____ e ao longo das _____.

Planaltos
Predominam áreas desgastadas pelos agentes _____ _____ e existem algumas regiões com influência de processos _____ recentes.

Planalto Setentrional
Nele, se localiza o _____ _____.

Planalto Centro-Meridional
Possui altitudes médias mais _____ que as do Planalto Setentrional.

Planalto Oriental
Composto de montanhas elevadas de origem _____ e de _____ _____.

2. Interprete o mapa abaixo e responda às questões.

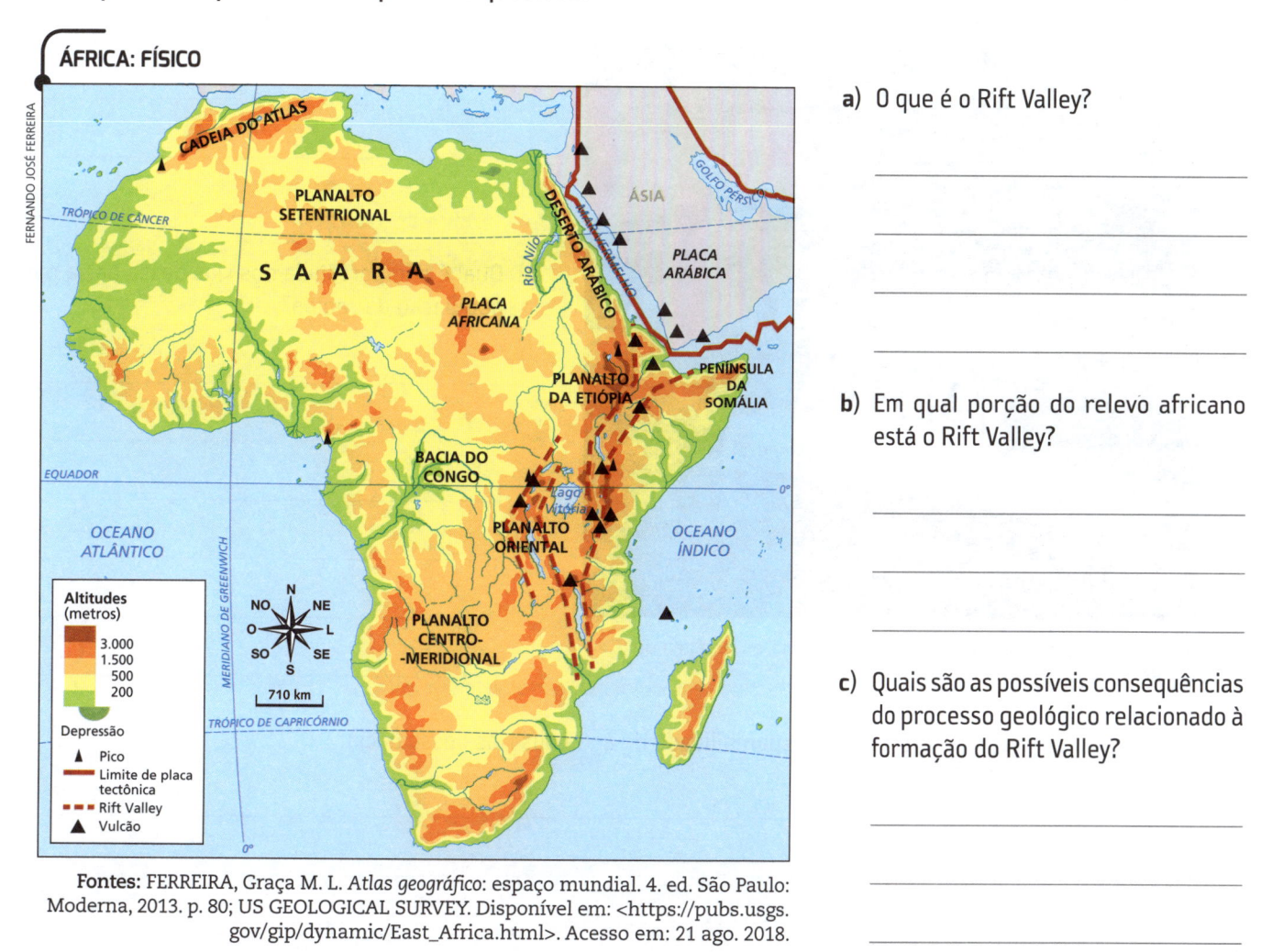

ÁFRICA: FÍSICO

Fontes: FERREIRA, Graça M. L. Atlas geográfico: espaço mundial. 4. ed. São Paulo: Moderna, 2013. p. 80; US GEOLOGICAL SURVEY. Disponível em: <https://pubs.usgs.gov/gip/dynamic/East_Africa.html>. Acesso em: 21 ago. 2018.

a) O que é o Rift Valley?

b) Em qual porção do relevo africano está o Rift Valley?

c) Quais são as possíveis consequências do processo geológico relacionado à formação do Rift Valley?

3. Assinale a alternativa incorreta e, depois, reescreva-a, corrigindo o erro.

   a) O Rio Nilo, o maior rio da África em extensão, atravessa 11 países do continente.

   b) A ocupação humana próxima às margens do Rio Nilo ocorre há milhares de anos.

   c) As características do Rio Nilo e do relevo ao longo de sua bacia hidrográfica permitem o uso desse rio para o transporte e para a geração de energia elétrica.

   d) A ocupação da área da bacia do Rio Nilo é planejada, não havendo registro de impactos ambientais significativos.

   e) As mudanças climáticas têm reduzido as chuvas nas cabeceiras do Rio Nilo, diminuindo o volume de água do rio.

   _____
   _____
   _____
   _____

4. Observe a foto abaixo e, com base em seus conhecimentos, responda às questões a seguir.

   Vista da usina hidrelétrica de Inga (República Democrática do Congo, 2015).

   a) A foto retrata o aproveitamento da água de um importante rio africano. Que rio é esse e de qual bacia hidrográfica ele faz parte?

   _____
   _____

   b) Qual é a importância dos rios dessa bacia para a população da região?

   _____
   _____
   _____
   _____

   c) Que fatores naturais favorecem a disponibilidade de água nos rios dessa bacia?

   _____
   _____
   _____

5. Relacione cada tipo de clima encontrado no continente africano à formação vegetal que nele predomina.

Clima
a) Equatorial.
b) Desértico.
c) Tropical.
d) Semiárido.
e) Mediterrâneo.
f) Frio de montanha.

Vegetação
( ) Savana.
( ) Vegetação de altitude.
( ) Estepes e pradarias.
( ) Floresta tropical e equatorial.
( ) Vegetação mediterrânea.
( ) Vegetação de deserto.

6. As fotos abaixo retratam paisagens afetadas por importantes problemas ambientais que ocorrem na África. Com base nas imagens e em seus conhecimentos, escreva as principais causas desses problemas ambientais.

Vista do Cânion do Congo, área onde ocorre intenso processo de erosão (República do Congo, 2017).

Paisagem do Sahel (Mauritânia, 2016).

_____
_____
_____
_____
_____

7. Explique o que foi o chamado processo de corrida imperialista empreendido pelas potências europeias a partir do final do século XIX.

_____
_____
_____
_____
_____

8. Complete o esquema abaixo com informações sobre a Conferência de Berlim, realizada em 1884-1885.

```
                    Conferência de Berlim (1884-1885)
                                   |
        ┌──────────────────────────┼──────────────────────────┐
Alguns países participantes:    Objetivo:              Consequências para as
                                                        populações africanas:
```

9. Complete o esquema abaixo sobre as consequências econômicas e culturais da exploração colonial europeia no território africano do final do século XIX a meados do século XX.

```
            Exploração colonial na África – final do
               século XIX a meados do século XX
                             |
              ┌──────────────┴──────────────┐
    Principais consequências        Principais consequências
           econômicas                      culturais
```

66

10. Leia o texto e, com base em seus conhecimentos, responda às questões a seguir.

> [...] a dominação estrangeira transformou e racionalizou o mapa político da África. Onde antigamente imbricavam-se inúmeros Estados e comunidades soberanas, com limites flutuantes e por vezes bastante tênues, passou a haver apenas algumas dezenas de colônias com fronteiras fixas e bem delimitadas.
>
> [...] As fronteiras impostas às colônias cristalizaram-se sob a mão de ferro dos ocupantes e do direito internacional, convertendo-se nas fronteiras dos Estados africanos independentes. Hoje, é impossível projetar modificações importantes em qualquer uma delas sem suscitar demonstrações de resistência.
>
> AFIGBO, Adiele Eberechukuwu. Repercussões sociais da dominação colonial: novas estruturas sociais. In: BOAHEN, Albert Adu (Ed.). *História geral da África*, VII: África sob dominação colonial, 1880-1935. 2. ed. rev. Brasília: Unesco, 2010. p. 574.

a) A qual processo histórico o primeiro parágrafo do texto se refere?

b) Qual é a relação entre as fronteiras impostas durante a colonização e as fronteiras dos países africanos após suas independências?

c) De que maneira as guerras civis ocorridas em países africanos durante o século XX e início do século XXI têm relação com a divisão política do continente estabelecida pelos europeus?

11. Qual é a relação entre o modelo produtivo imposto pelos europeus durante a colonização ocorrida no final do século XIX e no início do século XX e os problemas da fome na África Subsaariana?

12. Complete os quadros com informações sobre as duas regiões que compõem a África de acordo com a regionalização mais utilizada desse continente.

Norte da África

- Área de abrangência:

  _____
  _____

- Cultura e religião predominantes:

  _____
  _____

- Distribuição populacional:

  _____
  _____

- Principal fonte de riqueza:

  _____
  _____

África Subsaariana

- Área de abrangência:

  _____
  _____

- Consequências políticas e sociais da exploração colonial recente:

  _____
  _____
  _____

- Exceção (país mais industrializado e modernizado):

  _____

Critérios de regionalização:

_____
_____
_____

13. A foto abaixo retrata uma pessoa do povo tuaregue, que faz parte do grupo dos berberes. Observe a foto e, com base em seus conhecimentos, responda às questões.

Tuaregue no Marrocos (2016).

a) Onde esse membro do povo tuaregue está? Identifique o ambiente por meio da observação da foto.

_____
_____

b) Essa paisagem faz parte de qual sub-região do Norte da África?

_____

c) Que países e territórios integram essa sub-região?

_____
_____

14. Observe o mapa abaixo e, com base em seus conhecimentos, faça o que se pede.

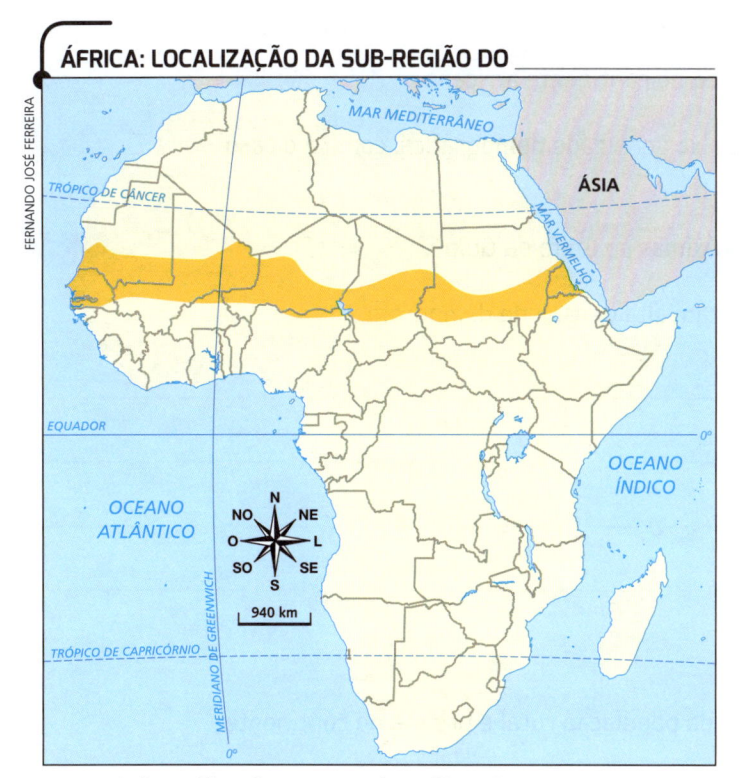

ÁFRICA: LOCALIZAÇÃO DA SUB-REGIÃO DO _____

Fonte: *L'atlas Gallimard Jeunesse*. Paris: Gallimard Jeunesse, 2002. p. 123.

a) Complete o título do mapa com o nome da sub-região africana representada.

b) Quais são as características naturais dessa sub-região?

_____
_____
_____

c) Identifique um problema ambiental que ocorre nessa sub-região e explique quais são as causas desse problema.

_____
_____
_____

15. Relacione cada região africana estabelecida pela ONU às suas principais características naturais e socioeconômicas.

(A) África Setentrional.
(B) África Ocidental.
(C) África Central.
(D) África Oriental.
(E) África Meridional.

Características naturais

( ) Região com clima ameno e relevo que favorecem a ocupação próxima ao Mar Mediterrâneo.

( ) Presença de florestas equatoriais e tropicais de grande biodiversidade, savanas, estepes e desertos.

( ) Predomínio de savanas, desertos e vegetação mediterrânea. Presença de importantes reservas minerais.

( ) Do Golfo da Guiné em direção ao Norte, presença de florestas tropicais, savanas, estepes e deserto.

( ) Presença de florestas tropicais, savanas e estepes, além de vegetação de altitude no Planalto da Etiópia.

Características socioeconômicas

( ) Países exportadores de produtos agrícolas, minerais e energéticos e dependentes da importação de produtos manufaturados.

( ) Economia dependente da agricultura. Ocorrência de guerras civis, conflitos étnicos e religiosos e surtos de fome.

( ) Urbanização intensa.

( ) Exploração mineral e exportação de produtos primários (sobretudo recursos minerais). A África do Sul é uma exceção.

( ) Países exportadores de cobre, diamantes, petróleo e madeira.

16. Escreva V para as frases verdadeiras e F para as falsas. Depois, reescreva a(s) frase(s) falsa(s), corrigindo o erro.

( ) A população se distribui de maneira homogênea no continente africano.

( ) As regiões desérticas da África apresentam baixa densidade demográfica, como é o caso do Deserto do Saara.

( ) A densidade demográfica é baixa nas áreas próximas ao Golfo da Guiné.

( ) As áreas próximas ao Vale do Rio Nilo apresentam alta densidade demográfica.

_____
_____
_____
_____

17. Responda às questões a seguir.

a) Em 2018, qual era a diferença entre a proporção da população rural e urbana no continente africano e no mundo?

_____
_____
_____
_____

b) Que fator contribui para o atual percentual de população rural no continente africano?

_____
_____
_____
_____

c) Segundo a ONU, o que está ocorrendo com a taxa de urbanização do continente africano e qual é a tendência para as próximas décadas?

_____
_____
_____
_____

18. Complete o esquema e explique as principais razões do crescimento da população africana.

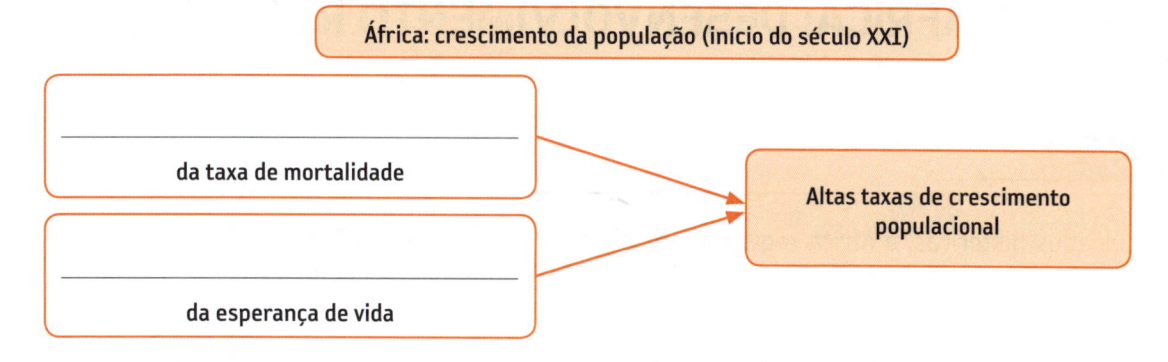

> África: crescimento da população (início do século XXI)

> _____
> da taxa de mortalidade

> _____
> da esperança de vida

> Altas taxas de crescimento populacional

19. Utilize as palavras do quadro abaixo para explicar os motivos da influência cultural africana na América dos dias de hoje.

> colonização   escravização   manifestações culturais   influência

_____
_____
_____

20. Interprete o mapa abaixo e, com base em seus conhecimentos, faça o que se pede.

ÁFRICA: TAXA DE ALFABETIZAÇÃO (%) – 2015

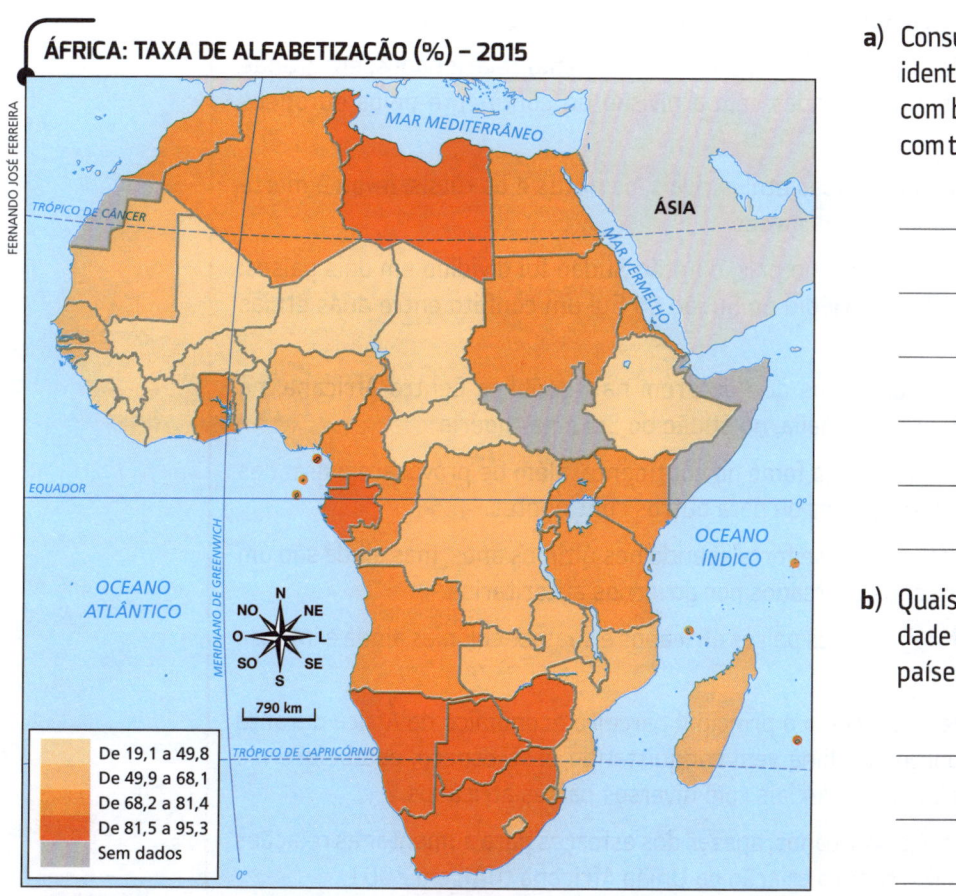

Legenda:
- De 19,1 a 49,8
- De 49,9 a 68,1
- De 68,2 a 81,4
- De 81,5 a 95,3
- Sem dados

Fonte: SCIENCES PO. Atelier de cartographie. Disponível em: <http://cartotheque.sciences-po.fr/media/Adults_literacy_Africa_2015/220/>. Acesso em: 22 ago. 2018.

a) Consultando um mapa político da África, identifique nesse continente dois países com baixas taxas de alfabetização e dois com taxas de alfabetização mais elevadas.

_____
_____
_____
_____

b) Quais são as características da desigualdade de acesso à educação em diversos países africanos?

_____
_____
_____

UNIDADE 8 ÁFRICA: DESENVOLVIMENTO REGIONAL

RECAPITULANDO

- Apesar das dificuldades históricas, a África registrou crescimento econômico nos últimos anos. Entretanto, o crescimento é desigual entre os países do continente e depende de investimentos estrangeiros.

- A economia da maior parte dos países africanos é baseada na exportação de *commodities*, como gêneros agrícolas e recursos minerais ou energéticos.

- Na atualidade, o setor industrial africano emprega pouca mão de obra e é controlado, em grande parte, por transnacionais e grupos tradicionais da elite africana. A África do Sul é o país mais industrializado do continente.

- Em diversos países africanos, o setor terciário emprega quantidade significativa de mão de obra, sendo marcado pela informalidade.

- A maior parte da população do continente africano vive na zona rural e depende de atividades agropecuárias. A distribuição das terras no campo é desigual. Os terrenos mais férteis pertencem, em geral, aos grandes proprietários de terra, e a produção é destinada à exportação.

- Ao ocupar a maior parte das terras produtivas e restringir o acesso à terra, a agricultura comercial agrava o problema da insegurança alimentar no continente.

- A taxa de urbanização africana está em ascensão. No Norte da África, mais da metade da população vive em cidades; na África Subsaariana, predomina a população rural.

- Os conflitos e as guerras que ocorrem na África Subsaariana estão relacionados, em grande medida, às rivalidades étnicas intensificadas com a divisão do continente pelos europeus durante a colonização.

- Em 1994, em Ruanda, a disputa entre duas etnias rivais, os hutus e os tútsis, levou à morte mais de 1 milhão de tútsis em apenas três meses.

- Em 2011, após nove anos de guerra civil no país, o então Sudão foi dividido em dois países: o Sudão e o Sudão do Sul. Em 2013, eclodiu no Sudão do Sul um conflito entre duas etnias rivais, dando origem a outra guerra.

- Entre os conflitos atuais, destacam-se os que ocorrem na República Centro-Africana, na República Democrática do Congo, na Somália, no Sudão do Sul e na Nigéria.

- Os conflitos étnicos agravam a miséria e a fome no continente, além de provocarem grandes deslocamentos populacionais entre países ou para outros continentes.

- Na África, os sistemas democráticos vêm se fortalecendo nos últimos anos, mas ainda são um desafio para muitos países africanos, marcados por governos autoritários.

- As relações econômicas e militares entre os países africanos e suas ex-colônias ainda é intensa nos dias atuais.

- Os Estados Unidos se estabeleceram como o principal parceiro econômico da África durante a Guerra Fria. Desde 2009, porém, a China vem conquistando esse espaço, estabelecendo importantes relações econômicas e comerciais com diversos países africanos.

- Há pouca integração entre os países africanos, apesar dos esforços para aumentar as relações políticas e econômicas entre eles, como a criação da União Africana (UA), em 2001.

1. Leia o texto e responda às questões.

A África se agarra ao sucesso econômico

O auge econômico da África foi tão repentino que muitos ainda custam a se acostumar com a ideia de que esse continente [...] está a caminho de se transformar em uma espécie de novo território emergente. E não estamos falando da África do Sul, que já é uma potência em formação, mas sim de uma série de novos países da África Ocidental e Oriental, como a Nigéria, o novo gigante, o Senegal, Angola, a Costa do Marfim, o Quênia, Etiópia, Ruanda e Uganda. Expectativas baseadas no fato de que a África vem protagonizando nestes últimos anos um dos crescimentos de PIB mais elevados do mundo, atrás apenas da Ásia. "As previsões são de que a África Subsaariana cresça 5,8% neste ano e ainda mais em 2015", afirma Tomás Guerrero, pesquisador da EsadeGeo e especialista em África.

O que explica essa aceleração? Segundo Luis Padilla, analista para a África da OCDE, "cinco fatores foram decisivos: a forte demanda dos países emergentes por matérias-primas, o *boom* demográfico, uma classe média em ascensão, um mercado interno mais dinâmico e um crescente investimento estrangeiro".

BARCIELA, Fernando. A África se agarra ao sucesso econômico. *El País*, 26 jul. 2014. Disponível em: <https://brasil.elpais.com/brasil/2014/07/25/economia/1406308313_205201.html>. Acesso em: 23 ago. 2018.

a) De acordo com a reportagem, o que contribui para o grande crescimento do PIB africano nas primeiras décadas do século XXI?

b) Em que países africanos ocorreu o intenso crescimento do PIB nesse período?

c) De acordo com seus conhecimentos, na África, o crescimento econômico vem ocorrendo de maneira equilibrada entre os países? Justifique sua resposta.

2. Assinale a alternativa que apresenta os dois países mais industrializados da África e uma característica marcante da industrialização nesse continente.

a) África do Sul e Angola; investimentos nacionais.
b) Egito e Angola; produção voltada ao mercado interno.
c) África do Sul e Egito; altos investimentos estrangeiros.
d) Egito e Nigéria; produção diversificada.
e) África do Sul e Egito; grande ocupação de mão de obra.

3. Quais são as principais características do modelo agrário-exportador que predomina na maior parte dos países da África Subsaariana? Utilizando as palavras do quadro abaixo, escreva sobre esse tema.

> transnacionais   extração de minérios   gêneros agrícolas tropicais   *plantations*
> indústrias alimentícias   economia mundial   capital e tecnologia   recursos minerais

_____
_____
_____
_____
_____

4. Complete o esquema abaixo.

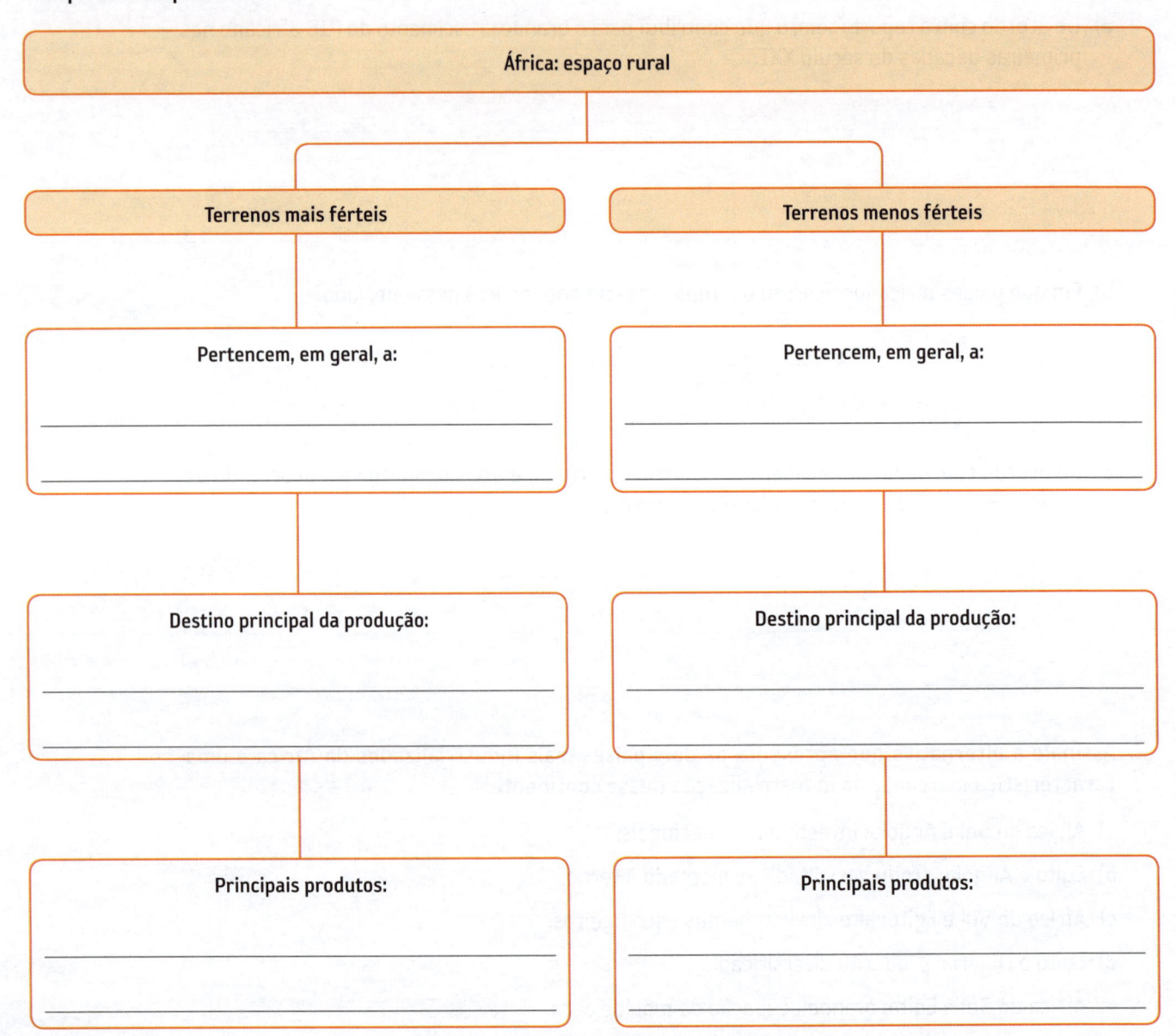

África: espaço rural

Terrenos mais férteis

Pertencem, em geral, a:
_____
_____

Destino principal da produção:
_____
_____

Principais produtos:
_____
_____

Terrenos menos férteis

Pertencem, em geral, a:
_____
_____

Destino principal da produção:
_____
_____

Principais produtos:
_____
_____

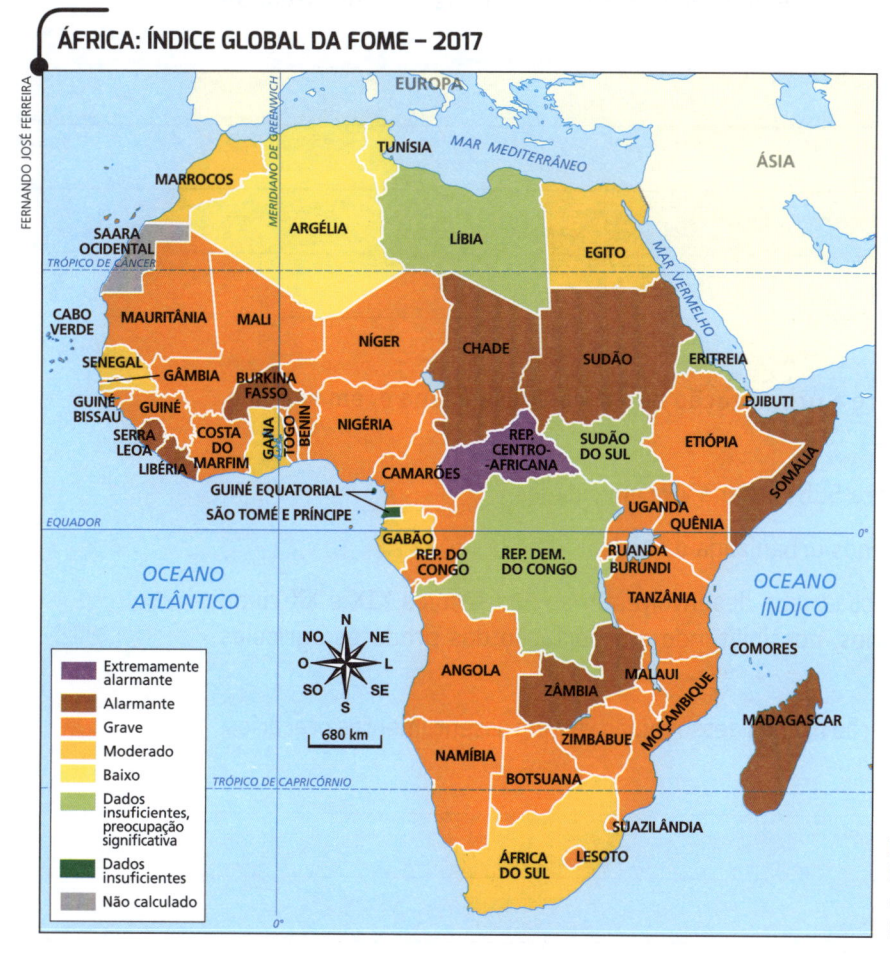

5. Leia e interprete o mapa abaixo para responder às questões a seguir.

ÁFRICA: ÍNDICE GLOBAL DA FOME – 2017

Fonte: GLOBAL HUNGER INDEX. *The Inequalities of Hunger*. Disponível em: <http://ghi.ifpri.org/>. Acesso em: 28 maio 2018.

a) De acordo com o mapa, quais países africanos apresentavam em 2017 os índices extremamente alarmante e alarmante de fome?

b) Por outro lado, de acordo com o mapa, quais países apresentaram em 2017 índices moderado e baixo de fome?

c) Como podemos interpretar a informação de que, em alguns países, os dados não são suficientes para que o índice seja calculado?

d) A que conclusão podemos chegar sobre a fome na África?

6. Explique de que forma o modelo agrário estabelecido pelos colonizadores europeus no final do século XIX e início do século XX interfere na organização da atividade agrícola atual de diversos países africanos.

_____
_____
_____
_____

7. Assinale a alternativa incorreta sobre a urbanização da África Subsaariana e, em seguida, escreva-a corrigindo o erro.

a) A maior parte da população da África Subsaariana vive em cidades.

b) A África Subsaariana é a região menos urbanizada da África.

c) As principais cidades da África Subsaariana desenvolveram-se nos séculos XIX e XX como centros administrativos e portuários, possibilitando a exportação dos produtos agrícolas vindos do interior do continente.

d) Atualmente, grande parte da população urbana dessa região vive em assentamentos precários.

_____
_____
_____

8. Observe a foto e responda às questões.

Criança na maior favela de Nairóbi, onde o esgoto corre a céu aberto (Quênia, 2017).

a) A foto retrata uma característica de diversas cidades da África Subsaariana. Que característica é essa?

_____
_____
_____
_____

b) Que consequências essa característica do espaço urbano de diversas cidades subsaarianas pode ter para o sistema de saúde da região?

_____
_____
_____

76

9. De que forma os conflitos étnico-religiosos que ocorrem atualmente na África Subsaariana têm relação com o imperialismo europeu do século XIX?

_____

_____

_____

10. Complete as lacunas do texto sobre os principais acontecimentos que marcaram a separação do Sudão e a história recente do Sudão do Sul.

A separação do _____ em dois países teve como causa as diferenças entre uma população predominantemente _____ (no norte) e outra formada por negros e praticantes do animismo e do cristianismo (no _____). A população do sul insurgiu-se contra a população do norte, pois esta acumulou as riquezas produzidas pela exploração de _____ em todo o território do então Sudão.

Em 2013, um novo conflito iniciou-se no _____, provocando grandes fluxos de _____.

11. Interprete o gráfico a seguir e faça o que se pede.

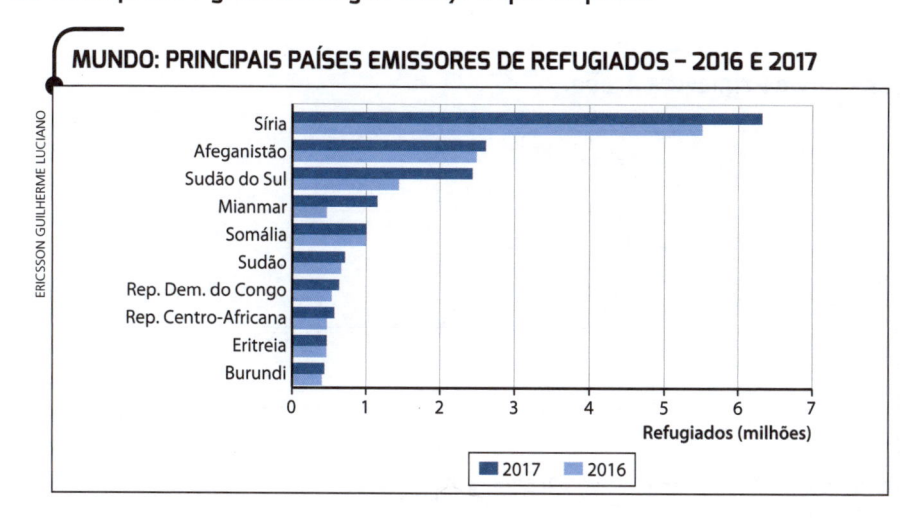

MUNDO: PRINCIPAIS PAÍSES EMISSORES DE REFUGIADOS – 2016 E 2017

Síria
Afeganistão
Sudão do Sul
Mianmar
Somália
Sudão
Rep. Dem. do Congo
Rep. Centro-Africana
Eritreia
Burundi

Refugiados (milhões)

2017 2016

Fonte: ACNUR. *Global Trends*: Forced Displacement in 2017. Disponível em: <http://www.unhcr.org/5b27be547#_ga=2.177202470.2024159161.1535215909-1380267422.1532976362&_gac=1.155323209.1532976362.CjwKCAjw7vraBRBbEiwA4WBOn3HGX97XAgMsgdtQ2NaG-kp50xDdcR_sC0iqIFtdlP1BCy2DMsqYUhoCf-8QAvD_BwE>. Acesso em: 12 set. 2018.

a) Entre os países que mais emitiram refugiados no mundo em 2016 e 2017, quais estavam situados na África?

_____

b) Explique uma razão do grande volume de refugiados desses países africanos.

_____

_____

12. Observe a foto e utilize seus conhecimentos para responder às questões.

Entrada do Museu do *apartheid*, em Johanesburgo, África do Sul. A entrada do museu faz alusão às diferentes entradas para "brancos" e "não brancos", presente em muitos lugares durante o *apartheid* no país.

a) Que aspecto do *apartheid*, política de segregação racial implementada na África do Sul, foi retratado na foto?

_____

_____

b) Por que havia a entrada para brancos e não brancos durante o *apartheid*?

_____

_____

_____

_____

_____

c) É possível dizer que o fim da política do *apartheid*, ocorrida durante a década de 1990, significou o fim dos problemas raciais e sociais na África do Sul?

_____

_____

13. Complete os quadros com informações sobre a Primavera Árabe.

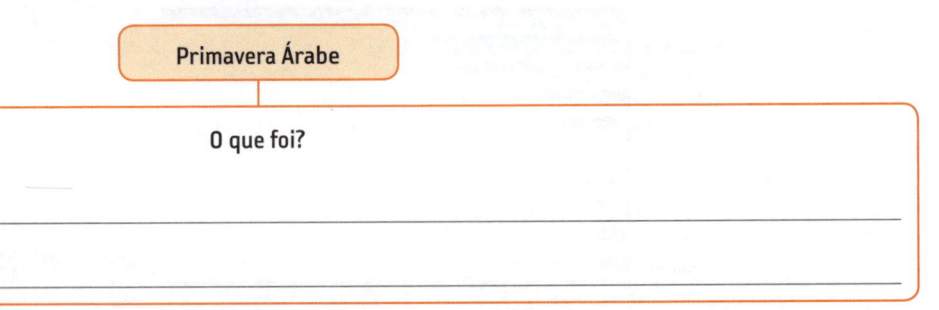

Primavera Árabe

O que foi?

_____

_____

Consequências da Primavera Árabe em alguns países

Tunísia:

_____

_____

_____

_____

Egito:

_____

_____

_____

_____

Síria:

_____

_____

_____

_____

78

14. Complete o esquema a seguir com informações sobre as relações comerciais entre os Estados Unidos e alguns países africanos.

Principais produtos de exportação:

_____
_____
_____

Alguns países africanos (África do Sul, Egito, Argélia, Nigéria, entre outros)

Estados Unidos

Principais produtos de exportação:

_____
_____
_____

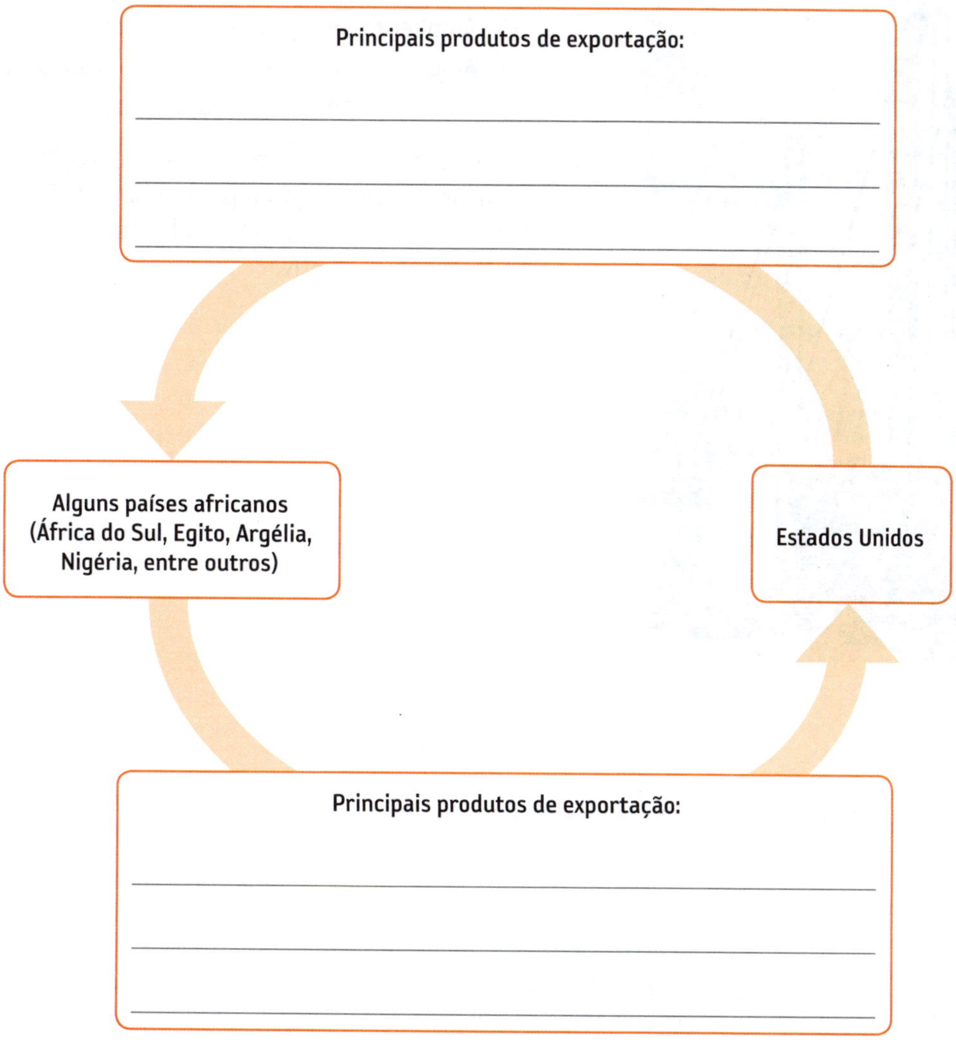

15. Explique o que é a *Commonwealth* e por que ela conta com países africanos como membros.

_____
_____
_____
_____
_____
_____
_____
_____

16. Observe a foto e responda às questões.

Construção de rodovia em Kampala, financiada por capital chinês (Uganda, 2017).

a) A foto retrata uma obra destinada a quê? Assinale.
( ) Ampliação de saneamento básico.
( ) Ampliação de infraestrutura de transporte.
( ) Ampliação de rede de comunicação.

b) De acordo com a legenda da foto, a construção da rodovia foi financiada por uma empresa chinesa. Esse tipo de ação tem sido desenvolvido em alguns países africanos? Se sim, com que objetivo?

_____
_____
_____
_____
_____
_____

17. Escreva no quadro as principais ações desenvolvidas na África pelas organizações internacionais indicadas.

Organização internacional	Ações na África
Banco Mundial	
Organização Mundial do Comércio (OMC)	
Fundo Monetário Internacional (FMI)	
Organização das Nações Unidas (ONU)	